毛竹笋

培育技术

刘迪钦　吴习安　著

中国科学技术大学出版社

内容简介

本书基于作者多年的毛竹笋培育经验，系统详尽地描述了毛竹笋培育的相关技术，可操作性强，尤其是针对实操层面的指导性很强，读者很容易理解并应用。全书包括五章，分别介绍了全球竹林的地理分布情况，毛竹的生理特性，培育毛竹笋的不同经营模式，集约经营笋用毛竹林的培育技术，笋用毛竹林的一般经营方式。

本书面向从事毛竹林经营培育的农户和科技人员，内容易读宜学，可帮助他们深入了解毛竹笋培育的实施步骤，增强科学培育的主动性和积极性，提升经济效益。

图书在版编目(CIP)数据

毛竹笋培育技术/刘迪钦,吴习安著.—合肥:中国科学技术大学出版社,2022.7
ISBN 978-7-312-05346-7

Ⅰ.毛⋯ Ⅱ.①刘⋯ ②吴⋯ Ⅲ.竹笋—蔬菜园艺 Ⅳ.S644.2

中国版本图书馆CIP数据核字(2022)第056500号

毛竹笋培育技术
MAOZHU SUN PEIYU JISHU

出版	中国科学技术大学出版社
	安徽省合肥市金寨路96号,230026
	http://press.ustc.edu.cn
	http://zgkxjsdxcbs.tmall.com
印刷	安徽国文彩印有限公司
发行	中国科学技术大学出版社
开本	880 mm×1230 mm 1/32
印张	6.75
字数	200千
版次	2022年7月第1版
印次	2022年7月第1次印刷
定价	40.00元

序

　　近日,《毛竹笋培育技术》的书稿送至案前,邀请我为其写序言。讲实话,内心稍有惶恐,唯恐辜负作者美意。

　　此书由供职于桃江县林业局的国家林草乡土专家刘迪钦高级工程师和吴习安工程师联合撰写,对毛竹笋培育技术进行了系统、深入、详尽的解读。我国是全球竹类分布中心,竹种众多、竹林面积最大、竹笋产量最高、栽培历史最为悠久,但我国在竹类特别是毛竹笋科学领域的研究专著甚少。让我感到欣慰的是,这是一本全面系统地介绍毛竹笋培育技术的著作,这在国内还不多见。

　　新型冠状病毒肺炎疫情发生后,党中央号召我们,要把论文写在祖国大地上,写在生产第一线。两位作者均为毛竹笋培育一线的基层林业科技人员,他们结合自己丰富的实践经验,用行动响应了党中央的号召,做出了表率。

　　竹笋风味独特,在我国有着悠久的食用历史,白居易曾作《食笋》:

> 此州乃竹乡,春笋满山谷。
> 山夫折盈抱,抱来早市鬻。
> 物以多为贱,双钱易一束。
> 置之炊甑中,与饭同时熟。
> 紫箨坼故锦,素肌擘新玉。
> 每日遂加餐,经时不思肉。
> 久为京洛客,此味常不足。
> 且食勿踟蹰,南风吹作竹。

这首诗充分体现了大诗人对竹笋的喜爱,同时也反映出以竹笋为食材在我国有着深厚的历史传承和文化积淀。

竹笋是一种价廉物美的健康食材,具有清理肠道、洁净血液的保健功效。进入21世纪以来,我国的竹笋产业得到了蓬勃发展。毛竹是我国分布最广、面积最大、种植最广泛的经济竹种,毛竹笋是我国产量最大的竹笋种类,福建、浙江、湖南、江西、安徽等省的产量很大,福建建瓯、浙江安吉、湖南桃江、安徽广德等地都是全国知名的毛竹笋生产大县(市),竹笋产业成了当地脱贫致富和实现乡村振兴的支柱产业。因此,急需一本适合广大竹农阅读的介绍毛竹笋培育相关知识的技术书籍,此书的出版非常及时。

《毛竹笋培育技术》在写作上具有以下特点:

第一个特点是内容全面具体,重点突出。全书从毛竹的生理特性、分布区域入手,分别介绍了材用毛竹林、笋材两用毛竹林、笋用毛竹林的培育技术,重点介绍了笋用毛竹林的培育技术。同时对广大竹农甚至部分竹笋生产技术人员一直混淆的毛竹大小年的分类及其特征进行了详细介绍,让人茅塞顿开。

第二个特点是语言和叙述方式贴近广大竹农。本书在行文中尽量少用专业术语,在叙述时摒弃了专业书籍常用的程式化表述方式,力求将专业技术用贴近生产生活实际的用语和思维方式进行描述,使全书通俗易懂,深具指导性。

第三个特点是在进行技术阐述时力求详尽,使读者能够深入了解每一项技术措施的开展过程。许多专业性书籍在描述某一项技术细节时往往点到即止,殊不知这恰恰是读者迫切需要了解的内容。

在此书行将付梓之际,我向两位作者表示衷心祝贺! 期待他们在今后的工作实践中不断丰富竹笋产业建设理论,同时在今后的林业科技推广实践中多出成果,为我国的毛竹笋产业的发展壮大做出更多更大的贡献!为全球竹业发展做出中国贡献!

这本来自竹乡的理论之作,带着浓郁的竹香之气,更带着竹农的智慧之气。相信此书的出版,将会给全国的竹农带来更多的丰收与喜悦,如同那成片破土而出的雨后"春笋"!

是为序!

国家公园研究院院长
国家林业和草原局调查规划设计院副院长

竹笋是竹类植物地下茎上的笋芽分化发育以后正在生长的幼嫩可食部分。竹笋肉质脆嫩、味道鲜美，在我国自古以来一直被当作"菜中珍品"，被誉为"寒士山珍"，诗圣杜甫曾有诗云："远传冬笋味，更觉彩衣春。"便是对竹笋的极高赞誉。

我国栽培和食用竹笋的历史十分久远，据《尚书·禹贡》记载，古代荆扬二州的贡品中就有"苞"和"箘"。据专家考证，"苞"和"箘"指的就是竹笋和笋干。由此可见，我国食用竹笋已有4000年以上的历史。《尚书·顾命》中记载，周成王驾崩前，召集召公和毕公等大臣拥戴康王登基，日以笋席款待。这充分说明竹笋在先秦时期便已进入了宫廷筵席。

竹笋含有丰富的蛋白质、钙、磷、铁、胡萝卜素、维生素B1、维生素B2、维生素C等。每100克鲜竹笋含蛋白质3.28克、碳水化合物4.47克、纤维素0.9克、钙22毫克、磷56毫克、铁0.1毫克，多种维生素和胡萝卜素的含量比大白菜高一倍多；而且竹笋的蛋白质种类丰富，人体必需的赖氨酸、色氨酸、苏氨酸、苯丙氨酸，以及在蛋白质代谢过程中占有重要地位的谷氨酸和有维持蛋白质构型作用的胱氨酸，都有一定的含量，是一种优良的保健蔬菜。

竹笋味甘、微寒，无毒，具有清热化痰、益气和胃、治消渴、利水道、利膈爽胃等药用功效。竹笋还具有低脂肪、低糖、多纤维的特点，食用竹笋不仅能促进肠道蠕动、帮助消化、去积食、防便秘，还有预防大肠癌的功效。竹笋含脂肪、淀粉很少，热值很低,每100克竹笋仅含27卡热量,属天然低脂、低热量食品,竹笋含有丰富的纤维,食用竹笋有助于人们抑制饥饿感。因此,竹笋是极佳的减肥食品。竹笋的钾含量很高,钾是一种调节血压的重要物质,常吃竹笋对保持健康血压有很大帮助。养生学家认为,竹林繁茂的地方人们多长寿,且极少患高血压,这与他们经常吃竹笋有一定的关系。

毛竹是我国亚热带地区的主要竹种,广泛分布于长江流域及南方各省,是我国人工培育竹林面积最大、用途最广、开发和研究最深入的优良经济竹种。毛竹笋是我国产量和食用量最大的竹笋品种,毛竹笋可从材用毛竹林、笋材两用毛竹林和笋用毛竹林中获取,其主要来源是笋材两用毛竹林和笋用毛竹林。笋用毛竹林是一种以获取毛竹笋为目的的毛竹林经营模式。科学研究表明,自然繁衍的竹林内有高达90%的竹笋笋芽因无法萌发而自然消亡。只要采取合理的培育措施,科学采挖竹笋,就能促进竹笋笋芽的萌发,从而生产更多的鲜笋。因此,科学合理地培育竹林和采挖竹笋,能极大地提高竹笋产量和品质。

为了帮助广大竹林经营户精准高效地掌握毛竹笋培育实用技术,笔者采用了适合普通读者阅读的口语化表述方式,讲解更加深入,描述直截了当,说理明白浅显,将生涩的技术问题简单化,方便读者轻松掌握毛竹笋培育技术的要义。这是一本系统学习毛竹笋培育技术的实用工具书,从全球竹林地理分布、毛竹的特性、毛竹笋培育技术、集约经营笋用毛竹林培育技术、笋用毛竹林的一般经营方式等方面,详尽地做了介绍。通过阅读本书,读者可以全面系统地了解毛竹笋培育的全套技术,对深入开展技术实践具有很强的指导意义。

本书既注重实用性,也能满足读者的实际操作和感性认识需要及审美要求,书中的配图都经过了精心挑选,精美的图片与文字相辅相成,清晰地展现了毛竹笋培育的步骤,使阅读变得生动、具象,增加了可读性。本书适合竹林经营户和基层林业技术人员阅读参考,可有效提升他们的实践经验。

本书的写作得到了中新社杨草原的悉心指导,包括创作思路设计、文章结构安排、文字风格确定等。此外,还得到了全国各地多位专家和林业技术人员的大力支持。中国林业产业联合会李益辉,安徽省林业局程鹏,南京林业大学李海涛,浙江农林大学姚文斌,广西林业集团杨鲜华,福建建瓯市林业局林振清,四川长宁县林业和竹业局税正银,广东广宁县林业局巫广民,江西上栗县自然资源和规划局杨波,湖南怀化市林科所张凌宏,湖南绥宁县林业局龙珠平、彭仕鹏,湖南衡东县林业局容艳兵,湖南蓝山县林业局邓福平,湖南益阳市林业局黄艳君、湖南桃江县林业局练佑明、颜克强、刘同庆、王钦武、廖署林,湖南桃江县农业农村局薛虎军、彭志勇、文爱华、曾卫红、熊艳辉、张德兵、胡德合为本书提供了宝贵的意见和大量的技术资料,湖南桃江县政法委刘安军为本书提供了部分图片。同时本书也参考和借鉴了一些专家、学者的最新研究成果,在此一并表示衷心的感谢!

由于作者水平有限,书中难免存在不足之处,恳请读者批评指正。

刘迪钦

目 录

第一章 全球竹林地理分布

世界各地都有竹林分布,全球竹类植物共有70多属1200多种,竹林面积达2200多万公顷(1公顷＝10000平方米)。自然分布的竹林主要集中在温带、亚热带和热带地区,全球竹林分布的中心在东亚、南亚和东南亚地区,其分布面积广、种类多。世界竹林分布区主要分为亚太竹区、美洲竹区和非洲竹区。欧洲没有自然分布的竹林,现有的主要竹林都是通过引种而来的,北美洲自然分布的竹林也很少,所以有人将欧洲和北美洲大部分地区称为"欧洲、北美洲竹引种区"。

第一节 全球竹林分布概况

一、亚太竹区

全球最大的竹区是亚太竹区,该竹区有50多属、900多种竹子,总面积达1400万公顷以上,约占全球竹林总面积的64％。其中丛生竹约占60％,散生竹约占40％。主要产竹国家有中国、印度、缅甸、泰国、孟加拉国、柬埔寨、越南、日本、印度尼西亚、马来西亚、菲律宾等。

二、美洲竹区

美洲竹区面积仅次于亚太竹区,该区跨南、北美洲,南至南纬47°的阿根廷南部地区,北至北纬40°的美国东部地区。该区共有18属270多种,除青篱竹为散生型外,其余17属均为丛生型。该竹区仅有几种大型竹种,绝大多数为小型低矮竹种,经济价值较低。墨西哥、危地马拉、洪都拉斯、哥伦比亚、委内瑞拉、巴西的亚马孙河流域是竹子的主要分布区,竹种多、竹林面积大。

三、非洲竹区

非洲竹区范围较小,南至南纬22°的莫桑比克南部地区,北至北纬16°的苏丹东部地区。在此范围内,从非洲西海岸的塞内加尔南部地区,直到东海岸的马达加斯加岛,形成从西北到东南横跨非洲热带雨林和常绿落叶混交林的斜长地带,是非洲竹的分布中心,共14属50种。

四、欧洲、北美洲竹引种区

欧洲、北美洲竹引种区包括欧洲和美国(除北纬40°以南的东部地区以外的其他地区)。

欧洲没有天然分布的竹种,但由于当地民众的个人爱好和对环境美化与保护生态的重视,意大利、德国、法国、荷兰、英国等欧洲国家从其他一些产竹国家引种了大量的竹种。

美国的原产竹子仅有几种,除大青篱竹及其两个亚种外,几乎没有乡土竹种。19世纪末,美国开始引入竹子。

第二节 我国的竹林分布

我国是竹类植物种类最多的国家,竹类植物多达39属500多种(含变种),种类数量约占全世界的42%。我国有一些特有的竹类植物,共计10属48种。我国现有竹林面积641.16万公顷,竹林面积占森林面积的2.94%,占林地面积的1.98%,是世界上竹林面积最大的国家。我国的毛竹林面积达467.78万公顷,占竹林面积的72.96%,我国的竹林蓄积量和产量均居全球第一,其中毛竹林更是集中了全球85%以上的面积、蓄积量和产量。

竹类植物广泛分布于气候温暖湿润、年均气温12~22℃、年降水量1000~2000毫米的地区。我国大部分地区的气候条件适宜竹类植物生长繁衍。我国幅员辽阔,地形复杂,各地气候多样,这使我国的竹类资源特别丰富。据统计,在全国34个省、自治区、直辖市、特别行政区中,其中29个有竹林分布。我国竹林分布较多的地区有福建、湖南、浙江、江西、四川、广东、安徽、广西、贵州,台湾的竹林面积也较大。西部地区和黄河以北地区竹林分布很少,山西、河北、甘肃、宁夏、西藏、辽宁、北京、天津、上海等地区,均有少量竹林分布和引种。由于各地气候、土壤、地形的差异,使竹子的分布具有明显的地带性特征,《中国植被》将我国竹林划分为五大竹区。

一、北方散生竹区

本区包括甘肃东南部、四川北部、陕西南部、河南、湖北、安徽北部、江苏、山东南部、河北西南部等地区,位于北纬30°～40°,年均气温12～17℃,1月平均温度−2～4℃,年降水量600～1200毫米,本区约分布竹类10属29种,含10个变种和变型。本区竹类以刚竹属等散生竹为主。依据竹类水平分布情况,本区可细分为3个自然的亚地区:① 北亚热带湿润气候的淮河、汉水上游竹区;② 暖温带半湿润气候的黄河中下游竹区;③ 暖温带半干旱气候的陕甘宁竹区。

二、江南混合竹区

本区包括四川东南部、湖南、江西、浙江、安徽南部及福建西北部,位于北纬25°～30°,年均气温15～20℃,1月平均温度4～8℃,年降水量1200～2000毫米。本区具有散生竹和丛生竹混合分布的特点,是我国竹林面积最大的地区,其中毛竹林的面积达280万公顷。本区是我国人工培育竹林面积最大、竹材产量最高的地区,也是我国毛竹分布的中心地区,竹产业较为发达。

三、西南高山竹区

本区主要包括地处横断山区的西藏东南部、云南西北部和东北部、四川西部和南部,位于北纬10°～20°,年均气温8～12℃,1月平均温度−6～0℃,年降水量800～1000毫米。本区分布的主要为箭竹属和玉山竹属等合轴散生型高山竹类,一般分布在海拔1500～3600米或更高地带。

四、南方丛生竹区

本区根据竹种组成和生存条件的不同分为两个亚区,位于北纬10°～20°,年均气温20～22℃,1月平均温度8℃以上,年降水量1200～2000毫米。

(1)华南亚区:包括台湾、福建沿海、广东南岭以南和广西东南部,处于南亚热带季风常绿阔叶林地带和热带季雨林及雨林地带,主要竹种有刺竹属和思劳竹属。本区为刺竹属的分布中心,种类最多、数量最大,东部的福建还有复轴混生型唐竹属竹种。

(2)西南亚区:包括广西西部、贵州南部及云南省(中、东、北部),主要竹种有牡竹属、巨竹属、空竹属、泰竹属等丛生竹,尤以牡竹属种类最多,本区是该属的分布中心。

五、琼滇攀援竹区

本区包括海南岛中南部,云南南部和西部边缘,西藏东南部的察隅、墨脱地区。本区竹类主要为多种攀援性丛生竹类。

国内各地之间进行了广泛的人工引种栽培,开展了大规模的"南竹北移"引种工作,在黄河流域新发展竹林4万公顷。此外,近几十年来,我国分别从东南亚地区和日本等国引种了一些竹种,从而进一步地丰富了我国的竹种资源。

第三节　我国的毛竹林分布

毛竹自然分布区域为我国南部的长江流域及珠江流域北部,是我国亚热带地区的主要竹种(见图1.1)。毛竹是我国分布面积最广、人工培育竹林面积最大、蓄积量最大、竹材产量最高、用途最广、开发和研究最深入的优良经济竹种。第九次全国森林资源清查结果显示,我国毛竹林面积高达467.78万公顷,占竹林面积的72.96%,并且这一比例还在不断提高。毛竹的主要分布竹区为江南混合竹区和北方散生竹区的南部,南方丛生竹区也有少量分布。北至江苏与安徽北部、河南南部,南至广东、广西中北部,东至台湾,西至云南,都有毛竹林分布。南方的山地、丘陵和平原地区都有毛竹分布。我国在20世纪70年代曾开展过"南竹北移"工程,山东、河北、河南北部、秦岭北麓地区皆引种了成片的毛竹林。福建、湖南、江西、浙江四省是我国毛竹林最集中的地区,毛竹林面积达370.62万公顷,占到了全国的79.23%。

图1.1　毛竹林

一、毛竹的自然分布区域

毛竹又名楠竹、江南竹、孟宗竹,原产我国,自然分布区域较广,包括浙江、福建、江西、湖南、湖北、安徽、广东、广西、贵州、四川、重庆、江苏、台湾、河南、云南等省区。

毛竹的自然分布区北缘在河南和安徽的大别山区,基本沿淮河一线分布。河南、安徽、江苏是我国毛竹自然分布的最北部省份。河南的毛竹林主要分布在最南端信阳地区的大别山区,如商城县、固始县、新县等地,靠近安徽和湖北的浉河区也有少量分布,毛竹林面积为0.65万公顷。安徽的毛竹林主要分布在靠近浙江省的皖南山区,在大别山区也有较多的毛竹林分布,全省毛竹林总面积达31.24万公顷,是除了浙江、福建、江西、湖南四省以外毛竹林面积最大的省份。江苏的毛竹林总面积2.64万公顷,主要分布在宜兴等南部地区。

毛竹的自然分布区南缘在两广地区。广东的毛竹林面积为17.27万公顷,主要分布在韶关地区,该地区的仁化县是广东省毛竹林面积最大的县级行政区,始兴县的毛竹林面积也很大;乳源、南雄、乐昌等县市均有毛竹林分布;清远市也有毛竹林分布;惠州龙门县是广东毛竹林分布的最南端。广西的毛竹林面积为16.33万公顷,主要分布在桂林、柳州北部及河池东北部、贺州东北部,其中桂林地区的毛竹林面积最大。

毛竹的自然分布区西缘在四川、云南。四川的毛竹林面积为7.26万公顷,主要分布在长江上游的宜宾、泸州等地区,眉山地区也有少量分布,竹林面积最大的是宜宾地区的长宁县、江安县、兴文县,珙县、合江县等地也有连片分布。云南的毛竹林很少,主要分布在昭通地区的威信县、彝良县等地。

毛竹的自然分布区东缘在台湾。台湾竹林面积较大,但毛竹所占比重很小。

位于自然分布区以内的其他省市均有毛竹林分布。重庆市的毛竹林面积为1.29万公顷,在全市各地均有零星分布,以合川区分布最多。贵州的毛竹林面积为6.08万公顷,主要分布在遵义、黔东南、铜仁3个地区,赤水、天柱、从江、黎平4个县市是毛竹资源最集中的县级行政区,其中赤水的毛竹林面积超过50万亩(1亩≈666.67平方米)。湖北的毛竹林面积为14.4万公顷,主要分布在咸宁地区,赤壁市、咸安区、通山县、通城县、崇阳县5个县市区的毛竹林面积占全省的77%。毛竹林在黄冈地区、恩施地区也有较多分布。

二、毛竹的引种栽培

毛竹是生长较快的植物之一,是我国南方优良的经济树种。

其竹材产量高、用途广泛,一次造林成功,进入采伐期的时间为数年或十数年不等,可长期择伐竹材,长期受益。20世纪四五十年代,我国北方地区经过长年战争,森林植被遭到严重破坏,北方地区木材严重缺乏。随着工农业生产的发展,国家开展"南竹北调",从南方大量调运竹材支援北方建设。1958年5月18日,毛泽东同志曾在中共八大二次会议上做出"竹子要大发展"的重要指示。在1958年11月2日召开的郑州会议上,毛泽东同志首次提出"南竹北移",从1958年开始,我国毛竹自然分布区以北地区开展"南竹北移"试验,毛竹由于具有优越的性能和极快的生长速度,成了"南竹北移"的首选竹种。安徽、山东、江苏、河南、河北、陕西等省均实施了毛竹引种,东北地区的辽宁省也开展了引种试验。

江苏省最先开展毛竹引种栽培。江苏省的毛竹林大多分布在江苏南部,自1958年开始,为了探索毛竹在盐碱土中栽培的可能性,苏北沿海的南通、盐城等地区进行了多次引种试验,引种面积达3500余亩,成林面积约50亩。

安徽省的毛竹引种栽培主要是在淮河以南的淮南、合肥等地进行。1975年,妙山林场、淮南市苗圃和上窑林场从马鞍山市引进毛竹开展栽种试验,经过多年的抚育管理,上窑林场现存的6亩成片毛竹园中,毛竹长势良好。

河南省的毛竹人工造林北移试验始于1966年,全省有40%的县、市引种了毛竹,到1977年底,新毛竹成片郁闭成林的县多达20多个,并进入成材阶段。该省的东部、南部、西部、北部、中部、西南部都实现了毛竹的成功引种。据1975年底统计,该省毛竹引种数量达80多万株,毛竹林面积从1949年原自然分布的信阳地区4个县的152亩,发展到27500亩,引种区域包括全省10个地区的65个县、市,"南竹北移"获得了巨大成功。例如,南阳地区的淅川县的毛竹引种成效最好;许昌地区的鄢陵县自1966年开始从湖南、江西引种毛竹,效果也很不错。

河北省的毛竹引种区在该省的中南部,平山县最先开始引种毛竹。1972年春,该省又从湖北省咸宁县引进毛竹321株,分别在邢台地区楼下道苗圃、石家庄地区南化林场和省林业科学研究所试验林场试种,试种效果良好,成活率均在75%以上。

陕西省于1965年春在秦岭北麓的周至楼观台实验林场开始进行毛竹引种试验,截至1966年冬,该省先后引6次共3998株,种苗分别来自江苏、湖南、四川、湖北等省,栽植面积达100余亩,分别栽植在虎豹沟和文仙沟的山坡上,并于第二年进行成活率调查,最低为5.17%,最高达100%。1972年冬再次调查,尚存母竹2336株,其中有832株实现了发笋成竹,占引种母竹总株数的20.8%。1971年该省在北亚热带的汉中地区和暖温带的关中地区,组织11个县(市)的64个栽植点进行栽培试验。春季移栽时间为1971年3月上旬至中旬,共移植毛竹5315株,成活2091株,成活率达40.2%,移栽的母竹中,福建母竹为3607株,成活母竹720株,成活率只有约20.0%;湖南母竹为1698株,成活母竹1371株,成活率超过80%。福建毛竹一般很少经历降雪和冰冻,与陕西移栽地的环境差距过大,这可能是福建毛竹移栽成活率低的原因。秋季移栽时间为1971年11月上旬至中旬,共移植湖南母竹苗6361株,成活5878株,成活率高达92.4%,这说明秋季的移栽成活率高于春季。从湖南、福建两省共计移栽毛竹11666株,成活7969株,平均移栽成活率达68.3%。

辽宁省自1972年以来选择适宜竹子生长的地方,积极开展"南竹北移"试验,其中毛竹移植以原旅大、营口市为重点,取得了较好的成绩。1974年底统计显示,在开展毛竹移植的10个地(市、盟)中,60个移植点共移栽毛竹9637株,成活2398株,成活率较高。

从1959年起,山东省开展了有计划的毛竹引种移栽,移植面积近3000亩,主要栽植于东南沿海、鲁东地区及鲁中南山区。引种之初,新生毛竹出现了节间长度减小、枝下高降低、竹株尖削度增加等不适应环境的现象。通过加强抚育管理,3～5年后,移栽的毛竹林普遍成林,长势较好,竹株的节间长、枝下高、尖削度等普遍得到了改善。

据不完全统计,我国北方地区自1958年以来引种毛竹约为0.13万公顷,涉及省(自治区、直辖市)10个、地(市、盟)50多个、县(旗)230多个。由于气候及经营管理等因素,现在仍然留存的毛竹林很少。山东省的毛竹北移引种是最成功的,据南京林业大学竹类研究所田新立、王福升2006年调查,在青岛、临沂、泰安、日照、崂山、莒南、蒙山、滕州、泰山、徂徕山仍有毛竹分布,崂山姜家村引种的毛竹已经成林。国家林业和草原局官网2013年报道,淄博市鲁山国家森林公园有一个占地60多亩的紫竹园,由毛竹、紫竹、刚竹、剑竹、淡竹、斑竹等11个品种组成的竹林分布在1500多米长的游览蹊径两侧。青岛黄岛区海青镇海青竹园引种的200亩毛竹,每年给村民带来丰厚的采笋收益,竹园还为潍坊游乐场两只大熊猫供应新鲜的毛竹嫩叶,收入也十分可观。据媒体2012年报道,山东引种毛竹最成功的是日照市的竹洞天风景区,区内毛竹林面积达200多亩,其他竹子面积400多亩,是"南竹北移"的成功典范。

山东引种毛竹之所以获得成功,一是山东为滨海省份,气温变化较小,毛竹容易适应;二是该省的栽培管理做得较好。

(1)选地方面:一般选在温暖湿润、背风向阳的山谷和地下水位较低的河滩,并保证有灌溉水源。

(2)土壤选择方面:一般选中性偏微酸性的肥沃砂质壤土,土壤质地优良,透水透气性好,土层厚度在40厘米以上。

(3)肥水管理:结合山东省东部地区传统的四灌一排做法,入冬前浇一次水(封冻水),初春浇一次水(迎春水)、发笋前浇一次水(催笋水)、笋后浇一次水(拔节水);加强排水管理,避免积水;浇水与施肥结合。

(4)防冻保温:入冬前浇水后再松一次土,将毛竹竹株周围的土壤用大豆叶等覆盖,一般覆盖竹株周边一米范围,厚度在20厘米左右,然后再在叶子上盖少量的松土,以避免松动,并保温保水,可有效帮助毛竹过冬,入夏后这些叶子发酵腐烂后又可作为有机肥。

　　山东引种毛竹的地区正是因为做到了上面几点，所以使山东引种地区的毛竹成活率和保存率普遍较高。山东适生地区引种毛竹，获得了很大的成功，使我国暖温带地区的引种驯化研究工作得到了进一步深化，也为全国各地开展其他物种的引种驯化工作提供了借鉴。

第二章 毛竹的特性

第一节 毛竹的形态特征

毛竹为禾本科竹亚科刚竹属植物,竹株呈乔木状,直立,为单轴散生竹类植物,是我国成林面积最大的竹类植物。毛竹是多年生常绿植物,单子叶,一次开花并结实,营养器官有根、茎、枝、叶等,生殖器官有花、果、种子等。与乔木不同,毛竹地上系统和地下系统共同组成"鞭竹系统"。鞭竹系统又称竹树,是竹类植物特有的存在和繁衍方式,是区别于其他林分的一种植物体系。鞭竹系统是指毛竹林中竹连着鞭、鞭上又分生出新鞭、新鞭和母鞭上又长出笋、笋发育成竹、竹又反过来供给养分给竹鞭,同一个鞭竹系统内的营养合成、养分累积、养分分配、养分利用消耗自成一个整体,自动调节,自成体系。毛竹林都是由一个或多个鞭竹系统组成的。

一、营养器官

（一）毛竹的茎

毛竹的茎和其他竹类植物相同,由竹鞭和竹秆组成,根据分布位置的不同,又分为地下茎和地上茎。毛竹的地下茎包括竹鞭和竹秆的地下部分(秆基和秆柄)。竹鞭是毛竹林不断扩张的主要器官,同时竹鞭将土壤中的养分输送至地上部分。毛竹的地上茎主要指的是竹秆的地上部分(秆茎),秆茎及其附着的竹枝、竹叶是毛竹进行光合作用的基础。

1. 毛竹的竹鞭

（1）竹类植物地下茎的类型。根据竹类植物的地下茎的形态特征及分生繁殖特征,其可分为以下几个类型:

合轴型:其特征是地下茎由秆基和秆柄两部分组成,秆基上的芽能发育成竹,它们一般不能在地下作很长的延伸,细短的秆柄将母竹与新竹连接,新竹紧靠母竹,秆茎密集,形成竹丛。具有这类特征的竹类植物称为合轴丛生型竹类,如绿竹、青皮竹、牡竹、慈竹等。有些合轴型的竹类植物,秆柄可延伸成为假鞭,顶芽在远离母竹处出笋成竹,新竹与母竹竹秆相距较远,称为合轴散生型竹类,箭竹属植物就属于合轴散生型竹类。

单轴型:该型竹类植物的地下茎包括秆基、秆柄和竹鞭三部分。秆基上的芽不能直接发笋成竹,而是先形成竹鞭,竹鞭具有侧芽和顶芽,鞭节上长鞭根,竹鞭能在地下不断向前生长、扩展,一般不会直接出土成竹。其竹鞭的顶芽,一般也不会出土成竹,其侧芽中的一部分发笋成竹,另一部分发育成新的竹鞭。单轴型竹类植物呈散生状态,长出地面的竹株之间的距离较远。单轴型竹类植物的竹鞭具有根和芽,可长出新鞭,鞭上的侧芽可发育成笋,而合轴型的假鞭无芽无根,与单轴型的鞭有着本质区别,因此单轴型的竹鞭常被称为真鞭,合轴型的竹鞭常被称为假鞭。具有单轴型地下茎的竹类植物常被称为单轴散生竹,其代表性竹类植物有毛竹、淡竹、刚竹、雷竹、乌哺鸡竹、水竹、黄秆竹、方竹等。

复轴型:既有单轴型地下茎的特性,又有合轴型地下茎的特点,秆基上的芽延伸生长成为竹鞭,再从竹鞭上发笋成竹,还可以直接发笋出土。地面上竹秆为小丛生状或散生状,但也具有散生竹容易扩展的特点。凡有这类地下茎特征的竹类植物,称为复轴混生竹类,典型竹类植物有箬竹、苦竹、茶秆竹、筇竹等。

根据地下茎的类型,竹类植物可分为散生竹、丛生竹和混生竹。其中散生竹又分为合轴型散生竹和单轴型散生竹,毛竹是单轴型散生竹。

(2)毛竹竹鞭的形态结构。毛竹竹鞭一般分布在地下15～40厘米的土层深处,根据竹林土层厚度的不同,有时可深达1米,有时则分布在5～15厘米的浅土层。总的来说,土层越肥沃,透气透水性能越好,竹鞭分布越深;土层越瘠薄,透气透水性能越差,竹鞭分布越浅。

毛竹竹鞭表面光滑坚硬,截面大体呈圆形,直径一般在1.5～3.5厘米。竹鞭上有隆起,称为节,节与节之间的部分称为节间,节间长一般在3.5～6.5厘米。节部有退化的叶,称为鞭箨。节上生长出大量的不定根,称为鞭根。节的侧面鞭箨腋下着生芽,每个节上一个,称为侧芽。侧芽在竹鞭上交互排列,上一个节的一侧着生了一个侧芽,下一个侧芽则着生在竹鞭的另一侧。侧芽的尖端指向与竹鞭生长方向基本一致。竹节在有侧芽的一侧有沟槽,侧芽就着生在沟槽里,另一侧则没有沟槽。侧芽有的发育成笋,有的发育为新鞭。发育成笋的称为笋芽,发育成新鞭的称为鞭芽,但在芽分化前,笋芽与鞭芽的外观相同,几乎无法区分。直至出现明显的分化生长后,它们就容易被识别:笋芽粗短,其尖端弯曲向上,与竹鞭形成较大的角度;鞭芽细长,与竹鞭的角度较小,呈水平横向生长。

一段完整的毛竹竹鞭,称为鞭段,鞭段可分为鞭梢、鞭身、鞭柄三部分。鞭梢是整段竹鞭最靠前的部分,外部全被鞭箨包裹,鞭箨最前端十分坚硬锐利,顶端尖削,具有强大的地下穿透力,便于鞭梢前行,剥除鞭箨,鞭梢可以食用,所以鞭梢又称为鞭笋。鞭柄、鞭身都是由鞭梢生长发育而形成的。

在横向钻地前行过程中,鞭梢可能受损。例如,鞭梢受到石块阻挡或人为损伤等,可能会导致鞭梢折断;鞭梢生长过程中遇到水洼地,会造成鞭梢逐渐死亡;冬季休眠期来临,可能造成鞭梢断梢;当鞭梢前行至土坎边,鞭梢无法着土时,会导致鞭梢死亡。当鞭梢死亡时,靠近鞭梢的侧芽会迅速发育成新鞭,这种鞭称为岔鞭。岔鞭分为四种类型:一侧单岔、一侧多岔、两侧单岔和两侧多岔。一般情况下,最可能出现的岔鞭类型是一侧单岔,最少出现的岔鞭类型是两侧多岔。

鞭梢在土中横向生长,碰到纵横交错的老竹鞭或其他障碍物时,会钻出地面,在遇到阳光和空气后又会钻入土中,露出地面的部分呈弯弓状,称为跳鞭(见图2.1)。为了不影响毛竹的地下养分输送,促进毛竹的长鞭和发笋成竹,不能挖除健壮跳鞭,最好是堆土覆盖跳鞭,而赢弱跳鞭则可以挖断。小部分鞭梢出土后可能发育成竹,称为鞭竹。鞭竹一般长不大,反而要消耗竹林养分,故要及时砍除。

图2.1　跳鞭

　　竹鞭还有来鞭和去鞭之分。所谓来鞭和去鞭是针对某一株毛竹的特定概念。对于某竹株而言,以该竹株为起点,指向这一竹株着生的竹鞭的鞭梢方向的那一段竹鞭称为去鞭,另一边的竹鞭称为来鞭。

　　毛竹竹鞭的寿命较长,可达10年以上。竹鞭年龄划分目前尚无统一标准,一般把1~2年生竹鞭划为幼龄鞭,3~6年生竹鞭划为壮龄鞭,7年以上竹鞭划为老龄鞭。幼龄鞭呈淡黄色或鲜黄色,有的还保留了褐色或浅褐色的鞭箨(见图2.2);壮龄鞭呈金黄色或土黄色,颜色鲜艳,鞭箨基本脱落,有的有少量残留(见图2.3);若土黄色的竹鞭上分布灰褐色、黑褐色、黑色斑点或整个竹鞭已变成灰褐色、黑褐色、黑色,则其为老龄鞭(见图2.4)。已经干枯了的毛竹竹鞭称为死鞭(见图2.5)。

图2.2 幼龄鞭

图2.3 壮龄鞭

图2.4 老龄鞭

图2.5 死鞭

2. 毛竹的竹秆

毛竹的竹秆从下至上分为秆柄、秆基、秆茎三部分。竹秆是与毛竹鞭相连并伸出地面的主干部分,其中秆柄和秆基为地下部分,秆茎为地上部分。秆茎为毛竹的地上茎。

(1)秆柄。秆柄俗称"螺丝钉",位于竹秆的最下部,生长在土壤中,下部与竹鞭相连,上部与秆基相连。秆柄由10余个节组成,节间很小很短,秆柄长度一般小于20厘米。秆柄无根无芽,直径很小,但极具韧性,对保持竹秆直立起着很大作用,同时也是鞭竹系统内部养分和水分的连通枢纽。通过秆柄的连接,使竹秆与竹鞭相连通,使鞭竹系统成为一个完整的生命体系。

(2)秆基。秆基位于秆茎的下部、秆柄的上部,也生长在土壤中。秆基粗壮膨大,其直径比秆茎的地径大。秆基也是由节组成的,节上长芽,称为芽眼。节上长出来的根称为竹根。民间一般把秆基、秆柄、竹根合称为竹蔸。

(3)秆茎。秆茎是指毛竹竹秆的地上部分,也称地上茎,是毛竹的主体部分。秆茎一般高8~15米,呈上小下大的圆筒形,自下而上逐渐变细,最大直径可达20厘米。秆茎下部较为通直,上部细小,因着生枝叶,故向下垂头。秆茎具有明显的节和节间,最多可达70节。节间最短的只有几厘米,最长的有近50厘米,每株毛竹的上、中、下部的节间长度都不相同,一般中部较长。节间中空,称为髓腔。每节有上下两个环,上面的称为秆环,是居间分生组织停止生长后留下的环状痕;下面的称为箨环,是秆箨脱落后留下的环状痕。秆环和箨环之间的部分称为节间,节间中空,节间与节间之间有一木质横隔,称为节隔,节隔起横向输导作用。节的外部着生芽和枝,枝上长叶。毛竹秆茎最初呈绿色,随着毛竹年龄增长,秆茎的绿色逐渐消退,颜色转淡,到毛竹老化时,颜色转为灰色、灰白色或灰黑色。

中空的节间四周的竹材称为竹壁,厚度可达1.5厘米,民间称之为竹膘。竹壁自外而内分为三层,分别为竹青、竹肉、竹黄。

最外一层为竹青,其表面光滑,组织致密,质地坚韧,表面有一层很薄的蜡质,竹青的最外层细胞最初富含叶绿素,故新竹和壮龄竹常呈绿色。当毛竹老化或竹子被采伐后,竹青表层细胞内的叶绿素逐渐消退,不再呈现绿色。竹青以内的组织称为竹肉,它是竹材最具经济效益的部分。竹肉位于竹青和竹黄之间,由维管束和薄壁细胞构成,其中维管束达13~15层。竹肉的组织较为疏松,最外层的竹青和最内层的竹黄将竹肉的组织紧紧地夹在中间,且竹肉组织含有大量的维管束,起着支撑毛竹秆茎的作用,加上竹青和竹黄的支持,为维持竹材的力学性质的稳定起到了关键作用。竹黄由竹膜和髓环组成。髓环是髓腔的外围组织,由矩形薄壁细胞组成,毛竹髓环的薄壁细胞大小不一,组成髓环的薄壁细胞多达17~19层,组织坚硬。

纵向剖开竹材,就可以发现竹纤维和维管束,它们在竹壁剖面纵向平行且细密地排列,有许多深色斑点分布在竹材横断面上,这是纵排维管束的断面,维管束在节间排列和走向平行而整齐,纹理一致。但是在通过竹节时,外表层维管束在箨环处中断,其余倒转或弯曲,纵横交错。

竹材有很高的力学强度,抗拉、抗压能力均优于木材。竹材有很强的韧性,抗弯折的性能很强,不易折断,但竹材负重时挠度很大,缺乏刚性,特别是将竹材对半剖开后,其负重能力会大大降低,若将竹材多剖几次,加工成竹条,则负重能力会基本丧失。

（二）毛竹竹枝

毛竹竹枝是由秆茎竹节处的芽发育而成的。和秆茎一样,竹枝也由节和节间组成,节间中空,节具横隔,节上有枝环,竹枝基部若干节通常较大,节间很小,形成枝兜。竹类植物的竹枝类型各异,一般分为一枝型、二枝型、三枝型和多枝型,毛竹的竹枝为二枝型,秆茎每节长两根竹枝,一根主枝,一根次枝,长短、大小、指向皆不相同。最下盘枝多数只有一根主枝,少数为二枝。竹枝上又长出各级小枝,末级小枝长3~7厘米。

（三）毛竹竹叶和秆箨

毛竹的叶分为营养叶和茎生叶两种。

营养叶是指正常的叶，二列着生于末级小枝各节，由叶片、叶柄、叶鞘、叶舌和叶耳组成。叶片通常为长椭圆形或锥针形，中脉突起，两边与中脉平行的侧脉若干条，侧脉间有小横脉，方格状或网状。叶缘一边有小锯齿，另一边则近乎平滑。叶片下方有叶柄，一般长5~8毫米。叶鞘彼此依次覆盖，并最终包裹小枝，其先端与叶柄连接处有一关节，叶片及叶柄即从此关节处脱落。叶鞘先端中部的内侧常有一膜质片，称为叶舌。叶舌有时可不存在或被纤毛代替，叶鞘的先端两侧常具有耳状突起，称为叶耳。其边缘一般形成发达的毛状物，称为遂毛。

茎生叶即秆箨，俗称笋壳或笋壳叶，是一种变态叶，生于竹秆和主枝的各节，对笋和幼嫩的节起保护作用，在节间停止生长后逐渐脱落，少数可宿存1年。与叶相似，秆箨也相应地由箨叶、箨鞘、箨舌、箨耳和着生在箨耳的遂毛组成，但无柄。箨叶短而宽，与箨鞘相连处也有一关节，使其易从此处脱落。箨鞘厚革质，背部有黑褐色晕点及棕褐色粗毛，箨鞘包裹笋或幼秆，一般为坚硬的革质状，其先端中部内侧具直立的片状物，称为箨舌，两侧有发达的耳状物，称为箨耳。

在同一竹秆上，秆箨的形态是逐渐发生变化的，从竹秆的基部到梢部，由于节间越来越细，箨鞘变得越来越窄，箨片也变得越来越窄、越来越长，箨片的颜色也由非绿色逐渐变成绿色，最后，在竹秆梢部最先端，箨片几乎变成了叶。

（四）毛竹的根系

毛竹的根系包括鞭根系和竹根系。根系的主要功能是从土壤中吸收水分和矿物质等，通过竹鞭和竹秆输送到毛竹的地上部分，满足毛竹生命活动所需。

毛竹鞭根系由毛竹竹鞭的节上所生的鞭根和各级支根组成（见图2.6）。毛竹鞭根的各级支根均由表皮、皮层和中柱（维管柱）三部分组成。

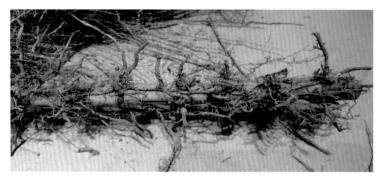

图2.6 毛竹鞭根

表皮是根系最外侧的一层薄壁细胞组织,主要起保护根系的作用。毛竹鞭根表皮由2～3层细胞构成,细胞排列紧密,形状为卵圆形或长方形,各级根序表皮均着生根毛。

皮层由外向内依次分为:外皮层、皮层薄壁细胞和内皮层。毛竹鞭根外皮层由1～2层腔径较小的细胞组成,排列紧密。皮层薄壁细胞位于外皮层与内皮层之间,在整个皮层中占据最大数量,靠近内外皮层的薄壁细胞直径相对较小;中间部分的薄壁细胞直径较大。皮层最内侧的1～2层细胞构成内皮层,环绕中柱。

内皮层环绕的组织是中柱,中柱位于根系的中心,是最重要的根系组织。中柱最外围为中柱鞘,细胞排列紧密,具有潜在的分化能力。中柱内分布有导管、筛管,中柱中心为髓心(具有薄壁细胞或中空)。

竹根系由着生在秆基上的支撑根及各级支根组成(见图2.7)。毛竹竹根及各级支根的解剖构造也包括表皮、皮层和中柱(维管柱)3个部分。竹根的表皮细胞较大,呈圆形或不规则形,为一层连续的薄壁细胞。毛竹根的表皮细胞存留时间较短,大部分2～3年就会脱落。表皮内到中柱之间的全部组织都是皮层。中柱是竹根中最重要的组织,处于竹根的中心,其外围绕着内皮层。维管柱在整个横切面中所占比例较小。髓部位于维管柱的中心部分,一般无髓腔,与丛生竹相比,毛竹竹根髓部细胞在整个横切面中占比例较少,细胞壁加厚程度也较为明显。

图2.7　毛竹竹根

二、生殖器官

（一）毛竹花

毛竹花的形态结构与一般禾本科植物花基本一致,花枝单生,不具叶,穗状花序。毛竹花的基本单位是小穗,小穗长250~270毫米,含小花2~3枚,其中顶花不育,退化成针状。小穗轴节间短,长约2毫米,每花有外稃和内稃各1枚,相当于苞片和小苞片,外稃包着内稃,多脉,内稃又包着花的其他部分,其背部具二脊。花本身由鳞被、雄蕊、雌蕊3部分组成,鳞被相当于花被片,一般3枚,膜质透明或肉质肿胀,边缘呈不规则撕裂状。雄蕊3或6枚,少数可达几十枚,花丝线形,彼此分离或基部有不同程度的联合,呈淡黄色或棕黄色,成熟时白色,丝长26~36毫米,伸出花外。子房圆锥形,上位,1室,内含胚珠1枚,花柱细长,柱头3裂,呈羽毛状,小穗着生在具叶小枝顶端或密集成穗状花丛。通常少见开花,毛竹开花后多枯死,俗称自然枯。

（二）毛竹果实和种子

毛竹的果实为颖果,干燥而不开裂,因其果皮与种皮紧贴,且果实体形较小,故常把它误认为是种子。胚珠位于颖果基部,与外稃相对。在其相反的一侧,具有痕迹,为槽状种脐,即胚珠生于胎座上的附着点。

毛竹种子的种皮很薄,一般仅一层细胞。种皮因为与果皮完全愈合,所以失去了一般种皮的形态和功能。种子中的胚,在大的构造上,与小麦、玉米等其他禾本科植物一致,也包括一个明显的盾片(发育完好的子叶)、一个很小的外胚叶(退化的子叶)、胚芽(具胚芽鞘)、胚轴和胚根(具胚根鞘)。

近些年来,研究人员就竹类种子中的其他成分对种子的萌发、生长、抗性的影响等方面展开研究,并取得了很好的成果。因为竹类不常开花,得到种子更不容易,所以对竹类果实和种子的认识,相对来说还不够全面和深入,一些基本问题还有待进一步研究。

第二节 毛竹鞭竹系统的生长

一、毛竹竹鞭的生长

毛竹竹鞭的生长是靠鞭梢的伸长来实现的。竹鞭不断向前延伸,扩大其生长范围。同时在竹鞭上不断萌发新的竹笋,一部分竹笋退化成败笋,另一部分竹笋最终发育成毛竹。毛竹地上部分的光合作用和地下鞭根系统吸收养分相结合,不断给整个鞭竹系统提供生长发育所必需的养分,从而使毛竹种群得以不断延续。

竹鞭分布在土壤上层,横向起伏生长。鞭上的侧芽萌发后,芽的顶端分生组织经过分化产生侧芽、鞭箨、鞭根原始体和居间分生组织。抽鞭初期,居间分生组织的细胞活动少,形成短缩细小、无根无芽的鞭柄,它是子鞭和母鞭的连接部分。一般情况下,竹鞭每节的居间分生组织以同样的速度进行分裂增殖,拉长新生鞭的节间长度,并适当加粗其直径,推动鞭梢前行。竹鞭的生长主要取决于其梢部各节间的延伸活动,在顶端分生组织的下部,有14~16个正在延伸的节间组成延伸区段,自后而前,区段的各节间按"慢—快—慢"的规律进行延伸活动。延伸区段下部的节间不断老化成熟,停止生长,由顶端分生组织形成的新节间不断增添到延伸区段的上部,参与延伸生长,从而使鞭鞘部位不断向前推进。

在竹鞭生长过程中,鞭梢的生长优势很强且抑制了侧芽的生长,若鞭梢折断或受损,顶端优势消失,则由断点附近的侧芽分化为岔鞭。岔鞭梢沿主鞭两侧以不同角度继续向前生长,当岔鞭断梢后,会长出新的岔鞭,如此不断发展,不断向前扩展,形成鞭系。若鞭段断裂或老鞭段腐烂,则将原来的鞭系分成若干个鞭系,一个鞭竹系统就变成了若干个鞭竹系统。

毛竹鞭生长具有趋阳性、趋肥性、趋湿性、趋松性的特点,其中趋阳性最强。这些特点是毛竹种群在自然选择过程中形成的,竹鞭会向着阳光充足和土壤疏松、肥沃、潮湿的方向生长延伸。虽然竹子生长需要较多水分,有趋湿的特性,但过高的湿度会影响竹鞭的正常生长,且竹鞭泡水后会变黑腐烂,失去繁殖能力。

竹鞭生长在水平和垂直方向具有方向性,大致可分为水平、向上、向下共3个方向。一般情况下,竹鞭会沿着地表平行扩展,并保持方向基本不变。在蔓延中受阻而钻出地面的竹鞭,在接触到阳光和空气后会再次钻入土壤中生长,其外露部分在地表形成弓形的跳鞭。若下钻时刚好遇到高差超过25厘米的断面,则鞭梢会因长时间暴露在空气中而不能入土,进而逐渐死亡。在遇到高大乔木根系等障碍物阻碍,竹鞭下潜入土太深时,则可能因缺乏空气而令鞭梢死亡。根据经验判断竹鞭走向时,竹鞭距竹秆基部较近部分的走向大致与竹秆茎下部弯曲方向垂直。若竹秆茎下部弯曲方向指向南方,则竹鞭为东西走向;若远离竹秆基部,则走向难以确定。

竹鞭的年生长活动始于春季,止于初冬,表现出"慢—快—慢"的节律变化。冬季停止生长的竹鞭,若鞭梢完好,则次年春鞭梢顶端生长点会向前延伸;若鞭梢死亡,则竹鞭会停止生长,或者在断鞭先端处的侧芽萌发成新鞭并继续生长延伸,此时新鞭的延伸方向将会改变。也有少量鞭梢死亡2年以上的竹鞭,其鞭芽会重新抽发长成新鞭。

各月均有部分毛竹鞭因鞭梢死亡而停止生长,绝大部分竹鞭鞭梢在第一年内就会死亡,也有毛竹鞭梢能持续生长1~2年。在冬季以前死亡的毛竹鞭鞭梢,次年春的抽发新鞭率达50%,新鞭条数平均1.6条;在春季生长开始后死亡的,当年发鞭率和发鞭条数均会逐月下降。5月死亡的毛竹鞭鞭梢,当年发鞭率仅20%;6月至冬季死亡的鞭梢,当年一般不再抽发新鞭。据统计,大年间仅有10%的竹鞭保持全年连续生长,小年间则有25.6%的竹鞭保持全年连续生长,能连续两年生长的竹鞭仅为3.3%。

鞭梢的生长活动时间一般在6~8月,并和发笋长竹交替进行。大年(生理年度)出笋多,鞭梢生长量小;小年(生理年度)出笋少,鞭梢生长量大。一般在新竹抽枝发叶,竹林进入小年(生理年度)时,鞭梢开始生长,8~9月最旺,11月底停止,冬季萎缩脱落,来年竹林换叶进入大年(生理年度)时,又由侧芽抽鞭,继续生长,6~7月长势最旺,到了8~9月因竹林大量孕笋而逐渐停止生长。

竹鞭的生长量因年份不同而有所不同,自然年度的大年,其生长量可达400厘米以上,一般可达300~400厘米;小年最大生长量也在350厘米以上,一般可达200~250厘米。当条件适宜时,24小时内的鞭梢生长量可以达到3厘米。

二、毛竹竹秆的生长

竹秆生长可分为三个阶段,即竹笋生长、秆形生长和材质生长。

(一)竹笋生长

竹笋萌发一般都在鞭段中部,鞭段越长,壮芽越多,发笋的机会也越多,而且长鞭段一般径粗根多,养分贮存丰富,粗鞭出大笋,大笋长大竹,成竹质量高。然而,竹笋在地下阶段生长慢、时间长,从夏末直至翌年初春,有的竹种还跨越两个年份。例如,毛竹竹鞭上的部分侧芽在夏末秋初开始萌发并分化为笋芽,笋芽顶端分生组织经过细胞分裂增殖,进一步分化形成节、节隔、笋箨侧芽和居间分生组织,并逐渐膨大,与竹鞭成20°~50°角向外伸长,同时笋尖弯曲向上。到了初冬,笋体肥大,笋箨呈黄色,被有绒毛,称为冬笋(见图2.8)。冬季低温时期,竹笋处于休眠状态,到了春季温度回升时又继续生长出土,称为春笋(见图2.9)。

图2.8　冬笋　　　　　　　　图2.9　春笋

　　毛竹春笋的出笋时间因地域不同而略有差异,一般在3~4月,竹笋出土的持续期一般在30~50天,最迟可到5月中旬。初期出笋数量少,养分充裕,退笋率低,但一般为浅鞭笋,成竹质量不高,若遇倒春寒,气温骤降,则退笋率大增;盛期出土的竹笋数量较多,笋体健壮肥大,成竹质量高;末期出土的竹笋,养分不足,笋体弱小,退笋率高,成竹质量差。因此,在竹林经营中应尽量留盛期出土的竹笋,挖掘早期和末期出土的竹笋。

　　竹笋出土与温度、土壤、水分条件及竹鞭深度有着密切关系,一般南方早于北方,阳坡早于阴坡,林缘早于林内。土壤水分充足的竹林里,竹笋出土早,数量多;久不下雨,土壤过于干燥的竹林里,竹笋出土缓慢,数量少。另外,浅鞭笋萌发早,生长时间较短,而深鞭笋则萌发较迟,在土中生长的时间长,常成为末期笋。

　　(二)秆形生长

　　竹笋在出土前全竹的节数已定,出土后不再增加新节,居间分生组织的分裂活动使节间不断伸长,从而长成幼竹。秆形的生长过程要经过初期、上升期、盛期和末期四个阶段。

(1)初期:实质上是竹笋地下生长的继续,虽然笋尖露头,但笋体仍在土中,横向膨大明显且节间长度增长很小,一般每日生长量为1~2厘米。

(2)上升期:竹笋的地下部分各节间的拉长生长基本停止,成为竹秆的秆基部分,竹根大量生长,根系逐渐形成,竹笋的生长由地下移到地上,生长速度由缓慢至逐渐加快,每日可生长10~20厘米。

(3)盛期:竹笋高生长迅速而稳定,到了生长高峰期,一昼夜可长高1米以上。在此期间,基部笋箨开始脱落,上部枝条开始伸展,生长速度由快变慢,竹笋也逐渐过渡到幼竹阶段。除梢部尚被笋箨包被外,中下部各节间在阳光的影响下,产生叶绿素,变为绿色的"竹青",并开始进行光合作用,为"竹笋—幼竹"生长自给部分养分。

(4)末期:此期幼竹梢部弯曲,枝条伸展快,生长速度显著下降,最后停止。待到笋箨几乎全部脱落,枝条长齐,竹叶展放,终于成为一株幼竹。

竹笋出土到幼竹形成所需要的时间因出土时间不同而不同,早期出土的竹笋成竹需2个月,而末期竹笋约需1个半月。一般来说,毛竹高生长在出土后第21天左右进入速生期,30天左右达高生长高峰期,38天左右进入速生末期。竹笋在长成幼竹过程中所需要的养分几乎全靠母竹和鞭根系统供应,养分充足时,竹笋生长旺盛,退笋率低。在立地条件较差、经营粗放的竹林中,大部分竹笋常因缺乏营养而枯死,成为退笋。营养不足、气候变化、病虫害侵入等常常造成退笋现象加重。在竹林培育上,必须留养足够数量的健壮母竹,加强抚育管理,改善土壤条件,提高竹林的合成能力和养分积累,为竹笋的孕育和生长提供充裕的物质条件,防止退笋的大量发生,保证竹笋和幼竹的健康生长。

与此同时,地下竹根不断生长,形成竹根系。历时1年,幼竹地下成形生长结束,完成了从笋芽到新竹的生长过程,成为具备完整吸收系统和合成器官的新竹。

（三）材质生长

幼竹形成后,毛竹的秆形生长结束,竹秆的高度、粗度和体积不再有明显变化,但其组织幼嫩,含水量高,干物质少。幼竹的干物质量仅相当于老化成熟竹的40%,其余的60%要靠日后的成竹生长来形成,成竹生长既影响竹材的性能,又关系竹林的更新发展。在竹林经营管理上,必须两者兼顾,不能偏废。

根据成竹的生理活动和物理力学性质的变化,可将竹秆材质的生长划分为三个阶段:

（1）材质处于增进期的"幼龄-壮龄"竹阶段:幼竹是从壮龄竹鞭上生长出来的,富有生命力,随着竹龄的增加,经过根系发展和更换竹叶,竹体的叶绿素、糖分和营养元素的含量都极其丰富,是竹林生理代谢最旺、抽鞭发笋最盛的时期。此时竹秆细胞壁逐渐加厚,内含物逐渐充实,含水量逐渐减少,干物质逐渐增多,竹材强度相应增加。

（2）材质处于稳定期的中龄竹阶段:竹株进入营养物质含量丰富和生理活动旺盛的稳定阶段,材质生长到了成熟期。

（3）材质处于下降期的老龄竹阶段:中龄以后的竹子生命力衰退,由于呼吸的消耗和物质的转移,竹秆的质量、力学强度和营养物质含量都相应降低,形成生理上收支不平衡和材质生长上的下降趋势。随着竹秆生长,含水率逐渐下降,而氮、磷、钾和总糖等物质含量也逐渐降低。

三、毛竹枝叶的生长

（一）枝叶的形成

在竹笋高生长的上升期,竹枝已经开始发育。竹笋生长的盛期,笋箨开始自下而上脱落,竹枝开始外露,并逐渐对外伸展。随着时间推移,枝条从竹秆中上部起,由下而上展出,在全株枝条展齐时,竹笋高生长停止,竹笋过渡为幼竹。竹枝一旦长成,竹秆便不再萌发新的竹枝,即使竹枝折断或脱落,也不会再长出新枝。竹笋高生长停止后约半个月,竹叶开始展放,7月幼叶生长为成叶。

（二）竹叶换叶

竹叶是毛竹实现光合作用与呼吸作用的器官。幼竹竹叶经历"二黄"（即幼竹阶段的嫩黄和老叶脱落阶段的枯黄）"一黑"（即绿叶阶段的墨绿色）叶色变化,最后枯落。当年年底起,幼竹竹叶开始变得枯黄,并逐步脱落,到次年的春夏之交,新叶长出,生活期约为12个月。

此后长出的竹叶,生活期约为24个月,每两年换1次叶,并经历"三黄"（即幼竹阶段的嫩黄、出笋长竹阶段的焦黄和老叶脱落阶段的枯黄）"二黑"（即大年的绿叶阶段和小年的恢复阶段）叶色变化,期间经历了养分合成、积累、分配、消耗等生理活动,到第三年的春夏之交完成换叶。

四、毛竹根系的生长

毛竹根系的生长包括鞭根系的生长和竹根系的生长。一般来说,由于竹鞭的不断延伸,鞭根系的分布范围要远大于竹根系。发达的支根也使得鞭根系和竹根系数量庞大。

（一）鞭根系的生长

毛竹的鞭根系从3月下旬开始生长,至11月中上旬结束,6~9月为生长高峰期。因为毛竹鞭根是伴随着竹鞭发育产生的,竹鞭和鞭根的年龄差异一般不超过1个月,所以毛竹鞭根的生长规律与竹鞭相近。通常,鞭根首先着生于离鞭梢先端10~15厘米处的节上,随鞭龄增加会产生1~4级支根,鞭根更新依靠伸长或分生新的支根,形成鞭根系,鞭根一经萌发,不重复更新,主要通过伸长生长或分生支根来进行更新,以维持其吸收功能,支根的量最多,吸收功能最强。鞭根系的有效吸收面积随鞭龄的变化而变化,6年生前随鞭龄增加而增大,6年生时达最大值,此后随鞭龄增加而减少。鞭根主要分布在容重为0.8~1.15的土壤中,极限容重为1.4,土壤容重是鞭、根分布的限制因子。

总的来说,鞭根是在竹鞭生长的基础上进行更新的,与鞭龄关系密切;而鞭根的生长状况又直接关系到竹鞭营养物质的吸收,两者彼此依存,相互促进。

(二)竹根系的生长

竹根是毛竹的吸收器官,从竹笋破眠继续生长时起,基部节内开始生根;在竹笋高生长的上升期,笋基大量生根并开始萌发支根;在竹笋高生长末期,竹根系基本形成。主根在新竹形成时,伸长生长就停止了,不复更新,靠支根的不断生长更新来维持其吸收功能。竹根系的吸收能力与竹龄有关,竹株6年生前,随着竹龄增加,根系有效吸收面积不断增加,6年生时达最大值,随后支根开始死亡,根系有效吸收面积随竹龄的增加而显著下降。

第三节　毛竹的大小年现象

根据毛竹个体生长发育的特点,毛竹在某一年中大量发笋长竹,称为大年竹;来年换叶和大量生鞭,称为小年竹。大小年竹交互演替,每两年为一周期,称为大小年现象。同一年中不同毛竹林中大小年毛竹的比例不同,所以其大小年现象的明显程度不尽相同。大小年现象明显的毛竹林称为大小年毛竹林;年年出笋差异不大的毛竹林称为花年毛竹林,也称均年竹林。

一、毛竹大小年的划分方法

目前,毛竹林大年和小年的划分方法有两种:一种是自然年度划分法,以大量出笋成竹的自然年(始于春季生长,止于冬季休眠)为大年,反之为小年。另一种是生理年度划分法,根据大小年毛竹林的节律变化,按照大年孕笋长竹、小年行鞭换叶的原则,将从当年8月笋芽分化开始,到次年7月幼叶长为成叶为止,即有笋芽大量分化、冬笋大量形成、春笋大量出土和新竹大量成竹等物候特征的新竹形成期划分为大年;将当年8月竹鞭进入第一个生长高峰期,到次年7月竹鞭第二个生长高峰期结束,即有鞭笋(新鞭)大量形成、毛竹集中换叶等物候特征的竹鞭快速生长期划分为小年。

生理年度划分法在时间上与自然年度划分法相差5个月。一般开展毛竹经营培育研究(学术上)时采用生理年度划分法,而开展竹林经营培育(生产上)时采用自然年度划分法,不跨年度,这样便于竹农理解和操作。

自然生长的毛竹林受气候和自然灾害等影响,一般为大小年现象比较明显的大小年竹林,经过人工培育后可以调整为花年竹林。当毛竹林的出笋量和成竹量存在较大的有规律的年际交替变化时,则确定为大小年竹林;若变化不明显,则确定为花年竹林。

按照自然年度划分法划分大小年毛竹林的大年和小年,只需观察毛竹林春季发笋成竹量和早春竹叶特征。若当年早春大部分毛竹竹叶为绿色,且当年春笋发笋成竹量较多,则当年的年初至年末为大年;若早春大部分毛竹竹叶枯黄,且当年春笋发笋成竹量很少,则为小年。按照生理年度划分法划分时,若早春大部分毛竹叶为绿色,且当年春笋发笋成竹量较多,则从前一年的8月至当年的7月为大年;从当年8月至次年7月,出现竹鞭大量生长,竹叶枯黄脱落并换叶,春笋出笋量和成竹量较小等现象,这一期间为小年。

二、毛竹大小年(自然年度)生长规律

(一)毛竹大小年竹鞭生长规律

无论是大年还是小年,当气温低于10℃时,竹鞭基本停止生长,进入冬眠状态。次年3月初前后,当气温高于10℃时,竹鞭开始继续生长,鞭梢死亡的竹鞭则在靠近鞭梢处萌发新的竹鞭,形成一侧单岔、一侧多岔、两侧单岔和两侧多岔等竹鞭结构。

总的来说,竹鞭在月平均气温低于10℃的12月才基本停止生长,进入休眠状态。大年毛竹林的竹鞭于11月底开始少量停止生长,而小年毛竹林的竹鞭至10月就有近半数竹鞭停止生长,表现为大年毛竹林大部分竹鞭停止生长较迟,小年毛竹林则较早。

竹鞭的抽发时间一般在3月初前后,此时气温达到10℃,当

年气温偏高时,则抽发时间偏早。竹鞭的抽发时间从3月一直持续到5月,大年毛竹林竹鞭的抽发时间主要集中在3月和4月,小年毛竹林竹鞭的抽发则主要集中在4月。大小年间毛竹竹鞭年生长期长短差异极为明显,大年生长期比小年长1~2个月。大小年毛竹林竹鞭的生长高峰期不同。毛竹鞭3月初开始缓慢生长,以后逐月加快,达高峰期后开始逐渐下降,直到11~12月基本停止生长,呈"慢—快—慢"的生长特征。大年竹鞭月生长高峰期出现在7~8月,月平均生长量可达50厘米以上,大年竹鞭生长期主要在5~10月,这6个月的生长量超过全年生长量的90%;小年竹鞭生长高峰期在6月,月生长量可达65厘米以上,小年竹鞭生长期主要在5~8月,4个月的生长量超过全年生长量的85%。总之,3~4月的竹鞭生长量,大年略高于小年,但月生长量均很少;5~6月小年竹鞭进入生长高峰期,大年竹鞭生长量低于小年竹鞭同期生长量;7~11月大年竹鞭生长量则高于小年竹鞭同期生长量。

竹鞭停止生长的初冬和初始生长的春季,鞭梢的死亡数量均很少;但在竹鞭大量生长的季节,因鞭梢死亡而停止生长的竹鞭数量多。鞭梢的大年平均死亡率明显高于小年。鞭梢全年各月平均死亡率先逐月上升,6~8月达高峰期后开始下降。大年死亡率高峰期出现在当年新竹展叶之后的6月,小年死亡率高峰期则出现在笋芽开始分化的8月。大年7月以前鞭梢每月平均死亡率高于小年同期死亡率,8月以后则低于小年。

（二）毛竹大小年换叶规律

每一株毛竹都有自己的换叶周期,每两年换1次叶,而新竹却有所不同。对于新竹而言,出土当年即是它的大年。新竹于当年6月前后开始长叶,7月新叶发育为成叶,当年年底起,竹叶开始变得枯黄,到次年(小年)春夏之交,竹叶脱落,新叶长出,完成第一次换叶。以后每隔两年完成1次换叶。根据林业工作者调查,湖南地区一般在12月毛竹的竹叶开始变黄,到次年5月完成换叶。

对于任意一株毛竹而言,都是在小年换叶。毛竹竹叶在大小年的营养元素含量存在差异,大年毛竹叶中氮、磷、钾等含量明显高于小年,叶色深浓,光合作用旺盛,毛竹林的地下系统和地上部分贮存丰富的养分,所以大年竹叶可提供足够的营养供孕笋、出笋成竹。大量成竹后,母竹养分主要供应新竹生长,使母竹中氮、磷、钾等含量大幅降低。随着幼竹生长,新竹不再需要母竹提供养分,而母竹竹叶中的养分也消耗殆尽,逐渐枯黄、脱落。小年春夏之交,母竹新叶长出,完成换叶。由于小年出笋成竹少,新叶消耗少,通过光合作用制造的养分便可大量贮存于竹叶等器官中,为大年竹笋的发育提供充分的物质保障。如此周而复始,完成每两年1次的换叶。

毛竹每两年1次的换叶也并非一成不变。当遇到极端天气、病虫害等自然灾害或人为干扰时,毛竹叶片会提前脱落,从而打乱毛竹的换叶进程。

三、毛竹花年生长规律

每年出笋差异不大的花年毛竹林,在大年竹株出笋长竹的同时,约有一半处于小年状态的竹株换叶,更新同化器官,加上新竹的营养需求较少,竹林的养分合成能力恢复快,鞭梢萌动较小年毛竹林早,入秋后因竹笋形成而逐渐停止,一年之间出现长竹、生鞭、孕笋三起伏,依次进行,次年春季竹笋出土。另一半处于大年状态的竹株换叶、生鞭、形成竹笋。其过程与上一年相同,只不过上一年的大年状态竹株变成了小年状态竹株,而小年状态竹株则变成了大年状态竹株。

四、毛竹大小年现象产生的原因

毛竹本身并不具有一年出笋多、一年出笋少、一年集体换叶的特征。虽然对于单个竹株来说,确实存在周期换叶规律,存在制造、消耗和积累养分的周期变化,但是毛竹是竹养鞭、鞭生竹、竹竹相通的整体,在同一鞭上可以生长出各种年龄的竹子,且在自然情况下,竹鞭上各竹株年龄的分布是比较均匀的。因此,表现为一部分毛竹今年换叶和另一部分毛竹明年换叶的交替现象,养分积累并不存在"多—少—多"的节律变化,也就不会出现各年出笋有多有少的现象。毛竹林产生大小年现象主要有以下几个原因:

(1)气候。各年的气候差异常造成每年出笋的差异,特别是反常气候。例如,夏秋的持续干旱,有可能使竹叶萎蔫脱落,旱情解除后,竹株再次萌芽展叶,使全林各株换叶期趋于一致。再如,冬季严寒可使竹叶冻枯脱落,来春回暖后竹株又萌芽发叶,也可使换叶期趋于一致。如浙江某地的一片毛竹林,1976年冬天的持续严寒,冻枯该竹林竹叶,次年春换叶,使本该是大年的1977年变成出笋偏少偏小的小年,而本该是小年的1978年则变成出笋偏多偏大的大年。

(2)病虫害。很多害虫,特别是食叶害虫,可把竹叶吃食殆尽。为害期过后,在气温、湿度适宜时竹株又萌芽发叶,使全竹林的竹株换叶期趋于一致,均年竹林变成大小年竹林。

(3)经营措施,特别是小年不留笋养竹和不合理采伐。例如,年复一年的挖小年笋,砍小年竹,致小年笋越出越少,小年竹越来越小。

毛竹的大小年或花年现象是单个鞭竹系统表现出的外在性状。在自然繁衍的毛竹林内,毛竹林的大小年现象或花年现象并不是整齐划一的。一片毛竹林所处的自然环境大致相同,出现大(或小)年现象时,大部分竹株同时表现出大(或小)年现象。但林内的小环境和小气候往往有着一定的差异,导致林内的大小年现象并不完全统一。最明显的现象是,大部分毛竹出现竹叶枯黄和换叶现象时,可能有极小部分毛竹不换叶;或者大部分毛竹不换叶时,可能有极小部分毛竹却出现竹叶枯黄和换叶现象。当大年大量出笋时,小年仍然有少量竹笋出土成竹,使大小年不同性状的竹株保持一定的比例。

极端气候或其他自然灾害能打乱大小年现象。当极端气候或其他自然灾害发生时,当年或次年的发笋成竹量大大降低,养分消耗少,无论是小年竹林、大年竹林还是花年竹林,都会统一成为小年竹林。因为这种灾害每隔一段时间就会发生,所以自然繁衍的竹林很少有花年竹林,一般多为大小年竹林。起初每年出笋成竹量相差并不悬殊,但采用经营措施可使大年进一步加强,小年进一步削弱,形成大年占绝对优势的竹林。如福建、江西、湖南等省的一些未开发竹林,虽然有大小年现象,但小年竹数量较多,径级也较大,不存在大年的绝对优势;人工经营的毛竹林,特别是一些高度集约经营的毛竹林,其经营措施是大年留笋养竹,小年留养母竹,造成小年竹较少,径级也很小,大年占绝对优势。由上可知,促使全林毛竹换叶期一致的那些因素就是形成毛竹大小年的原因。

五、大小年毛竹林和花年毛竹林培育方法

人为干预可以强化毛竹林的大小年现象和花年现象,培育大小年毛竹林和花年毛竹林。

培育花年竹林的主要措施是留养小年笋,培育小年竹;疏除部分大年笋,采伐老弱竹。在大年的冬季伐除部分老竹、弱竹、病虫竹,过密的竹林要适当伐除部分壮龄竹,减少立竹数,促使来年(小年)发笋量增加。在小年留养一定数量的健壮竹笋并培育成新竹,在下一个年度(大年)人为地抑制大年的出笋成竹数,对大年出笋进行一定强度的挖掘,只保留与小年留养数量相当的竹笋并培育成新竹,以便积余一些养分供小年出笋,当年冬天伐除一定数量的老弱竹,消除部分顶端优势,刺激下一个小年萌发更多的竹笋。这样经过5～6年调节后,大小年竹林就转变成了花年竹林。当然,极端气候或其他自然灾害也可能会使人为调节好的花年竹林重新转变为大小年竹林。

培育大小年竹林的主要措施是大年留笋养竹,在大年留养相当数量的健壮竹笋并培育成新竹;小年竹笋则全部挖除或疏除,进一步强化大小年现象。

第三章 毛竹笋培育技术概要

毛竹林经营的主要目的是获取竹材和毛竹笋。竹材主要来源于材用毛竹林和笋材两用毛竹林,小部分来源于笋用毛竹林。毛竹笋又称毛笋,是毛竹林经营的重要林产品。毛竹笋主要来源于人工经营的笋用毛竹林、笋材两用毛竹林,小部分来源于挖笋的材用毛竹林。材用毛竹林既可以生产竹材,也可以适量采挖毛竹笋,是否采挖毛竹笋主要应从经济角度考虑。竹材广泛运用于工农业生产,是重要的工业原料。毛竹笋是一种价廉物美、深受欢迎的健康食材,近年来,毛竹笋的产销量呈连年上升趋势,合理运用毛竹林经营培育技术,可以大大提高毛竹林单位面积的竹材和毛竹笋产量,有效提升经济效益。

第一节 毛竹的适生环境

毛竹广泛分布于我国亚热带地区,是我国分布最广、面积最大的经济竹种。虽然毛竹对生存环境的要求不高,但适宜的环境有利于毛竹的健康生长,否则易导致生长发育不良。

毛竹是多年生常绿植物,根系集中而稠密,竹秆生长快速,是生长速度较快的植物之一。毛竹对气温、降水的要求较高,年均气温15～20℃、年降水量1200～1800毫米对毛竹生长最为有利。我国的毛竹一般分布在年均气温13～18℃的地区,在年均气温10℃左右的地区,虽然也有毛竹分布,但一般生长不良,经济效益较差。此外,光照充沛、水热搭配良好、干湿季节明显、四季分明也是毛竹健康生长发育的重要条件。毛竹是喜光的竹种,也能耐受一定的遮荫。

毛竹在我国的自然分布区域广阔,长江往南至南岭,是我国毛竹自然分布的中心,也是毛竹的最适生长区。在这一区域以北至黄河流域,是毛竹自然分布和引种皆有的北部区域,在这一区域内,影响毛竹生长的主要是生长季节的干旱和冬季的严寒,在这一区域内培育毛竹林,必须选择春、夏降水量较大、背风向阳,特别是8~10月不会出现持续干旱的地方。南岭以南至南海以北,是毛竹自然分布和引种皆有的南部区域。在这一区域内,影响毛竹生长的主要是夏季的暴晒和雨季的台风,在这一区域培育毛竹林应选择背风朝北的地段。

毛竹的正常生长对土壤的要求也高于一般树种,既需要充足的水湿条件,又不耐积水。毛竹根系发达,在土层深厚肥沃、土质疏松的地方才能生长良好。毛竹适宜生长在弱酸性或微酸性土壤中,当pH在5.5~6.5时生长发育较好,有研究表明,pH介于4.86~6.04时最适于毛竹幼竹的生长。毛竹在由板岩、花岗岩、页岩、砂岩等母岩发育而成的中、厚层疏松、肥沃、呈弱酸性或微酸性的红壤、黄红壤、黄壤等砂性土壤上分布多,生长良好;在土质黏重、瘠薄的红壤、黄壤、网纹红壤或盐碱地上生长不良;在林地积水、地下水位过高时发育不良,甚至死亡。

地形地貌也影响毛竹的生长发育,气候相同的同一片毛竹林内,往往因地形变化,引起林内不同地段小气候和土壤条件的变化。海拔800米以下的山谷、山麓和山腰地带适宜毛竹的生长。高山地区干燥多风的山脊、山坡和容易积水的平地、洼地,均不适宜毛竹的生长。因各地地势各异,毛竹在各地分布的海拔高度不尽相同,如四川长宁,山麓分布的是慈竹,慈竹分布区以上才是毛竹。福建建瓯毛竹分布的海拔高度为200~1200米,主要分布在海拔300米以上的山区,而海拔300米以下的低海拔平原地区竹林分布较少。湖南桃江的最高海拔仅917.5米,毛竹分布海拔高度为40~600米,其中40~300米范围内分布最多。

总的来说,毛竹适宜生长在气候温暖湿润、光照充足、土壤深厚肥沃和排水良好的环境中,尤其是在气温变幅较小、降水分配比较均匀、海拔800米以下的丘陵、低山地区生长最好。因此,在培育毛竹林时应选择：背风向阳的山谷、山麓、山腰地带，土壤深度在50厘米以上，肥沃、湿润、排水和透气性良好的酸性砂质土或砂质壤土。

第二节 毛竹林的经营方式

针对毛竹林的经营条件和自身条件的不同，应采取不同的方式开展毛竹林经营。在生产上，根据毛竹林集约化经营程度的不同，分为三种经营方式。

一、粗放经营方式

粗放经营是指农业生产以相对少量的生产资料和人工，投在较多的土地上，实行广种薄收的经营方式，是生产力水平低下的产物。主要表现为：科学技术应用和单位面积投入活劳动及物化劳动较少，且活劳动所占比例较大，单产低，总产量的增长主要靠扩大耕地面积，土壤的自然肥力对农业增产有重要作用。它是在人稀地广、技术水平不高、单位面积产量低的条件下，被广泛运用的一种经营方式。

粗放经营方式是我国毛竹林最普遍的经营方式。由于毛竹林一般位于山区，许多竹林立地条件较差，交通闭塞，影响了经营者的生产积极性，经营者不愿投入更多的人力和财力成本来开展竹林经营，特别是近年来毛竹材及毛竹笋价格低迷，竹林收入在家庭整体收入中的占比逐渐降低，进一步削减了竹农在竹林经营中增加投入的热情。加上我国大部分毛竹产区竹林经营技术普及不够，竹农科学经营的意识不强，虽然浙江、福建等省的毛竹林经营的集约化程度较高，但江西、湖南、湖北、贵州、广东、广西等省区的毛竹林大多仍然停留在粗放经营阶段。

在毛竹林经营上，粗放经营方式就是竹农在毛竹林经营上的投入很少，在采伐时尽可能节约成本。开展竹林经营时一般只进行2~4年一次的林内除草、除灌，以方便砍竹。不施肥、不垦复、不灌溉、不挖笋、不注重留笋养竹，每4~8年采伐一次，采伐时一次性伐除生长2年以上的毛竹，只保留1~2年生母竹，采伐时不遵循"砍老留幼、砍弱留强、砍小留大、砍密留稀"（四砍四留）原则，导致毛竹林越砍越差，产出越来越少。采用这种经营方式时，经营者一般只获取竹材，不采挖竹笋。

二、集约经营方式

集约经营是指在社会经济活动中，在同一经济范围内，通过提高经营要素质量、增加要素含量、集中要素投入以及调整要素组合方式来增进效益的经营方式。简而言之，集约是相对粗放而言的，集约经营是以效益（社会效益和经济效益）为根本对经营诸要素进行重组，从而实现以最小的成本获得最大的投资回报。

集约经营方式是我国毛竹林经营的一种重要经营方式，越来越受到各地毛竹林经营者的重视。目前，福建省和浙江省的毛竹林集约经营获得了较大成功，集约经营的毛竹林面积已经具有相当规模。虽然近年来全国竹材市场价格低迷，竹材生产效益不断下滑，但采取集约经营方式生产竹笋仍然广为流行，特别是福建省闽北山区的建瓯、永安、顺昌、沙县等地，是全国著名的毛竹笋集散地，竹笋生产集约化程度很高，许多毛竹林的年亩产出达6000~10000元。

在毛竹林经营上，集约经营方式就是选择立地条件和交通条件等良好的毛竹林，通过采取竹林抚育、垦复、施肥、灌溉、科学留笋养竹、科学采伐采挖、林地覆盖增温等技术措施，培育优质材用竹林和笋用竹林、材笋两用竹林，长期持续地获得竹材和竹笋的高产稳产。

三、一般经营方式

一般经营方式是介于粗放经营方式和集约经营方式之间的一种经营方式。这种方式在投入上比粗放经营方式大大提高，但相比集约经营方式，其投入和技术含量低，产出也比集约经营方式大大减少。

在毛竹林经营上，一般经营方式在选择开展经营的毛竹林的立地条件和交通条件时不需要那么严格,或者一部分地段条件良好,另一部分地段条件一般。在经营技术措施的选择上,根据经营者的投资和投劳意愿,选择部分经营技术措施即可。一般采取竹林抚育、施肥、科学留笋养竹、科学采伐采挖等技术措施,施肥次数为一年1次以上,一般不进行垦复,利用挖笋施肥等低强度挖垦类技术措施代替垦复,以减少人工,达到减少投入的目的。采用这种经营方式时,材用毛竹林只采伐竹材,一般不采挖竹笋,因冬笋产量低,故材笋两用竹林和笋用竹林一般不开展冬笋的商品采挖。湖南、江西、湖北、四川等省大量采用一般经营方式,福建、浙江等省的一些县市也采用这种经营方式。

第三节　毛竹林的经营模式

经营毛竹林的目的是获取林产品,一种是竹材,另一种是竹笋,通过一定的劳动力、物资、资金的投入,获取竹材和竹笋等林产品,从而获得一定的经济效益。毛竹分布地区的自然条件和经济条件各不相同,经营者对获取何种林产品或以获取何种林产品为主有着各自不同的衡量标准,从而导致在毛竹林经营中的侧重点有所不同,进而产生不同的经营模式。

一、毛竹林经营模式的类型

根据市场、立地条件、生产条件和当地经营毛竹林的习惯,毛竹林的经营模式可以划分为三种不同类型:以生产竹材为主的材用毛竹林经营模式、生产竹笋和竹材并重的笋材两用毛竹林经营模式、以生产竹笋为主的笋用毛竹林经营模式。

这三种经营模式并不具有字面上的绝对意义。材用毛竹林在生产大量竹材的同时,也能采挖少量的竹笋;笋用毛竹林在经营过程中也会生产少量的竹材;笋材两用毛竹林生产竹笋和竹材并重,但也不是两者的简单组合,而是要综合考虑两者共同产生的经济效益。

二、如何确定毛竹林经营模式

毛竹林的经营模式,是根据各地不同的经济技术条件、毛竹林的立地条件、交通条件、竹林健康状况和经营户的自身条件、经营意愿来确定的,是不同条件综合作用的结果。

(一)各地经济技术条件

市场和技术是影响毛竹林经营模式的首要因素。各地的经济发展水平不同,经济结构也不同,对竹产品的需求层次和需求种类各不相同。竹材单价不高,远距离运输成本大,如果一个地区及其附近地区的竹材加工产业不发达,对竹材的需求不旺盛,那么当地的材用毛竹林就难以大面积发展;鲜竹笋单价不高,运输保鲜困难,远距离运输成本大,如果一个地区及其附近地区的竹笋加工产业不发达,对鲜竹笋的需求不旺盛,那么当地的笋用毛竹林就很难大面积发展。同理,如果没有旺盛的竹材和竹笋需求,笋材两用毛竹林的培育也无法全面开展。

经营技术水平也在很大程度上影响着竹林经营模式。材用毛竹林经营模式对经营技术水平的要求没有笋用毛竹林高。一个地区如果没有适合当地的成熟的毛竹林经营技术体系,那么一般都会按照传统,以材用毛竹林经营模式为主。即使经营的集约化水平不高,材用毛竹林也依然能够获取一定数量的竹材,而在经营集约化程度很低的情况下,笋用毛竹林和笋材两用毛竹林的竹笋产出会很低。

(二)竹林的立地条件

笋用毛竹林和笋材两用毛竹林在经营过程中,需要挖取大量的竹笋,会造成毛竹林大量的养分流失。若毛竹林立地条件差,土壤瘠薄,则无法产出大量的竹笋。因此,笋用毛竹林和笋材两用毛竹林宜选择在坡度平缓(笋用毛竹林的平均坡度小于15°,笋材两用毛竹林小于25°)、土层深厚的地段。由于一年内要多批次采挖竹笋并运出竹林,良好的交通条件也是笋用毛竹林和笋材两用毛竹林经营的必要条件。在坡度大于25°的地段,若交通条件较差,则可培育材用毛竹林。在坡度很大的地段,则不适宜开展经营,以培养生态型竹林为宜。

(三)竹林健康状况

笋用毛竹林和笋材两用毛竹林从开始经营到稳定地产出较高产量的竹笋,需要经过一个较长的过程,期间投入的人力和物资成本较高。若竹林健康状况不佳,如遭受病虫害或自然灾害袭击,竹林严重老龄化,竹林遭受掠夺式采伐等,则进入稳定高产期的时间就会大大延长,严重影响竹林经营的经济效益。健康状况不佳的竹林,一般不宜按照产笋的模式经营。可以先按材用毛竹林的模式经营一段时间,待竹林健康状况改善后,再按笋用毛竹林或笋材两用毛竹林模式经营。

(四)经营户的自身条件、经营意愿

经营户的自身条件和经营意愿也是影响经营模式的重要因素。经营户的自身认知和喜好影响着经营模式的选取。若经营户自身财力有限,其经营竹林时习惯于投入人工,而不习惯于投入资金成本,则不会选取对投入要求较高的笋用毛竹林或笋材两用林经营模式,只会选取材用毛竹林经营模式。当然,如果经营户的经济条件好,适宜开展笋用毛竹林或笋材两用毛竹林经营,那么随着经营户观念和习惯的改变,其有可能会改变经营模式。

经营户自身条件与经营模式的契合程度也会影响经营模式的选取。若经营户在采笋季节有更赚钱的工作需要完成,无法开展采笋工作,则经营户只能采取材用毛竹林经营模式;若经营户自身财力十分有限,无力承担购买肥料、安装灌溉设施等费用支出,则一般不会选取笋用毛竹林或笋材两用毛竹林的经营模式。

第四节 材用毛竹林经营概要

材用毛竹林是以竹材为主要竹产品的毛竹林经营模式,当挖

笋能产生经济效益时也能生产少量毛竹笋产品。材用毛竹林经营技术措施主要有保笋养竹、清除杂灌、垦复松土、科学施肥、合理采伐、人工控梢、病虫害防治等。通过调整竹林结构和改良土壤,持续改善毛竹林生长的环境条件,获取更多的毛竹材产品,条件适宜时,可获取一定量的毛竹笋产品。

一、保笋养竹

狭义的笋,仅指由笋芽发育而成的冬笋和春笋;广义的笋,还包括竹鞭的幼嫩部分(鞭梢)——鞭笋。按着生部位、生长时期和大小年的不同,毛竹笋分为鞭笋、冬笋、春笋、大年笋、小年笋。鞭笋是指在春、夏、秋季生长期竹鞭先端的幼嫩部分。冬笋是竹鞭节上的侧芽转化为笋芽后,在地下生长的笋,一般生长较慢,冬季则进入休眠期。春笋是冬笋的延续,次年春季气温回升,冬笋生长加速,突出地面,成为春笋;还有一种说法是,无论笋是否出土,立春以后的笋都称为春笋。本书采用前一种定义。材用毛竹林中的竹株,生理周期为大年的毛竹萌发的笋叫作大年笋,生理周期为小年的毛竹萌发的笋叫作小年笋。所谓保笋养竹就是加强这几种笋的笋期管理,以达到让更多的优质笋发笋成竹、提高竹材产量的目的。

在毛竹的生长发育和繁殖过程中,笋起着关键作用,毛竹林的繁衍,依从"竹—鞭—笋—竹"的发展演替模式。笋是新竹成长和竹林扩展的基础,是实现毛竹材产量增加的关键。做好材用毛竹林的笋期管理,在保持持续生产力的前提下使更多的健壮笋发育成健壮竹,是促进材用毛竹林竹材产量持续增加的根本措施。

毛竹笋期贯穿于毛竹的整个生长周期,因此要围绕笋期管理持续开展培育管理。上述5种毛竹笋期在时间上前后交叉,不可能在某一时间节点上将它们严格分隔开来。按照笋的生长方式,并根据它们各自的特性和生长期,可大致划分为鞭笋期、冬笋期、春笋期。按大小年经营的,根据当年出笋多少又有大年笋和小年笋之分。根据笋期的不同,应采取不同的笋期管理措施。

（一）鞭笋期的管理

新老竹鞭的更替和竹林的扩张都是通过鞭笋的生长来实现的。鞭笋一年内的生长时间为5～6个月，冬季进入休眠期，停止生长。在竹子出笋长竹的大年春季以及在新竹抽枝展叶后进入生理小年，鞭笋生长较快，7～8月生长量最大，随后逐渐减小，冬季停止，进入休眠。到次年春季，由于发笋长竹少，鞭笋3月就开始萌动生长，6月生长量达到高峰，夏末秋初进入生理大年，笋芽分化萌发冬笋，鞭笋生长相应减慢，较早停止。小年竹林的竹鞭生长量大于大年。因此，有"大年发笋，小年长鞭"的说法。

鞭梢生长具有很强的顶端优势和趋松、趋肥、趋湿、趋阳等特性。鞭段越长，壮芽越多，发笋的机会也越多，成竹数量越多，质量越好。因此，在经营过程中，一般通过松土、施肥、培土、浇水等来提高鞭笋生长量，减少断梢和死梢，以便形成较长的粗壮的鞭段，提高发笋成竹质量。此外，还应加强鞭笋生长期管理，防止挖笋等人为活动损伤鞭笋。材用毛竹林以获取竹材为经营目的，所以要严禁采挖健壮鞭笋，但老弱鞭笋可以挖除。若遇跳鞭，应区别对待，粗壮且呈健康青色的幼壮龄鞭，应将它埋入土中或覆土保护。鞭笋常在冬季死亡，这是由低温所致，虽然来年又长新鞭，但难以形成长鞭段，不利于培养更多的健壮大笋。那些入土浅的鞭笋和缺乏有机物覆盖的地段的鞭笋，受低温的影响更大。为有效保护鞭笋越冬，生产上常用覆草和培土等措施，效果很好。鞭笋趋湿，但积水对鞭笋发育不利，易致其腐烂坏死，故竹林内的低洼积水处应搞好排水，缺水时要搞好灌溉。

（二）冬笋期的管理

春笋是冬笋的延续，一前一后，一脉相承。一个是冬季不出土，另一个是春季出土成笋成竹；一个生长在地下，另一个生长在地上。冬笋、春笋在本质上并没有太大的差别，都是由笋芽发育而来，只是发育的时期不同，气温不同导致它们一个未出土，另一个出土发笋成竹。冬笋是春笋的前身，春笋是冬笋的发展和延续。

冬笋组织细嫩且富含营养,是一种极佳的食材。我国各毛竹林分布区均把冬笋作为重要食材,这已有上千年的历史。冬笋炒腊肉就是一道全国知名的菜肴。因此,挖掘冬笋已成为这些地方的习惯,一些林农一到冬笋期就扛上锄头四处挖冬笋。在材用毛竹林中合理采挖冬笋,不但可以增加经济收入,而且能够起到疏松土壤、改善土壤通气条件的重要作用。采挖冬笋,也要根据毛竹林的经营状况,计算采挖成本。例如,当材用毛竹林林分结构和土壤结构已经调整到位,冬笋较多,采挖收益大于采挖成本时,可以合理采挖冬笋,增加经营收入。大小年经营的材用毛竹林,因来年无需留养母竹,故小年的冬笋可以全部挖除。不合理地挖冬笋会给毛竹生产带来不良影响:

(1)材用毛竹林经营初期,竹林结构和土壤结构尚未调整到位,竹林内各鞭竹系统养分累积量较少,如果采挖冬笋,那么会造成养分大量流失,影响来年的发笋成竹。

(2)花年竹林采挖冬笋会影响发笋成竹。花年毛竹林中有一部分毛竹为小年竹,需要消耗鞭竹系统养分,所以竹林每年的养分累积净值相对较少,而留笋养竹需年年开展,采挖冬笋若不加以节制,则会影响来年正常的留笋养竹。

(3)挖冬笋时,笋农沿着竹鞭刨土挖冬笋,稍不注意就会损伤鞭根、鞭芽、笋芽,特别是挖野冬笋的行为,更加容易造成损伤,严重影响竹林发育和来年发笋成竹。故应加强管理,减少损失。

(4)毛竹林中空隙地的毛竹生长旺盛,冬笋也较多,挖冬笋时易被首先挖掘,但此时极有可能损伤到竹鞭、竹根、笋芽,同时也会造成养分大量流失,影响来年的留养母竹和立竹的均匀分布。

(5)挖冬笋后,若不回填挖冬笋时留下的笋穴,则会使竹鞭遭受冻害,但若覆盖方法不正确,致下雨积水,则会引发烂鞭;或者用表层肥土覆盖,也可能导致烂鞭。

材用毛竹林是可以挖取部分冬笋的,只要掌握好挖掘技术,采取点挖法,可以避免对竹林造成的伤害。成熟的大小年经营的毛竹林的小年,可以组织有挖笋经验的人员进行挖掘,挖掘时间一般在10月底至次年2月。挖笋后需用表层以下生土覆盖竹鞭，然后填平笋穴，以免积水烂鞭、冻伤竹鞭和肥土接触竹鞭造成伤鞭。

（三）春笋期的管理

各地纬度不同，毛竹春笋期也不同，一般纬度越高，春笋出土时间越迟。春笋出土还受坡向、海拔等影响，南坡早于北坡，低海拔地区早于高海拔地区，但大体上是在3月中下旬至5月上旬。春笋从出土到成竹长叶一般需要50～60天。春笋刚出土时，高生长很慢，每天仅长1～2厘米，笋体大部分在土中，继续横向膨大生长。经过一段时间以后，春笋地下部分的各节膨大生长和拉长生长逐渐停止，春笋地上部分生长速度逐渐加快，高生长每昼夜可达10～20厘米，并在秆基大量生根。生长最快时一天可增高100厘米。当开始抽枝时，高生长接近停止，初步具备幼竹雏形。春笋期的管理，应主要做好以下几件事情：

（1）加强毛竹林管理，严禁林内放牧。一是踩踏，二是啃食，林内放牧对发笋成竹的影响很大，会使竹笋停止生长发育或发育不良。在各类家畜中，山羊食性杂，喜食笋箨尖部箨叶，对竹林笋期管理危害最大。

（2）出笋盛期的低温常造成大量退笋，严重影响成竹率。因此，宜采取盖草或覆土措施，重点保护大笋御寒。

（3）干旱常严重影响春笋出土成竹。出笋期若遇干旱，则应尽可能通过灌溉来保笋。

（4）定期清理林内活力下降的春笋，消除其顶端优势，促发新的优质竹笋。

（四）大年笋的管理

应做到及时挖退笋，合理疏笋。以前，各地对大年笋的管理比较死板，只要是没有死亡的笋，就都会保留，美其名曰"一颗笋，一株竹"，即活笋不能挖，挖一株笋相当于挖掉一株竹。只有退笋成不了竹，才可以挖。这种营林方法与那种不加选择地挖掘春笋相比，无疑是一大进步，但也需要改进。活笋是否需要采挖，不能一概而论,要结合毛竹林结构调整的需要,合理取舍,合理布局,择优留用。因此,除了挖退笋,还要进行必要的合理疏笋。除掉一部分活笋,保留一定数量的健壮有活力的活笋,让其成竹,使竹林结构更加优化,立竹密度、立竹大小和立竹均匀度更加合理。疏笋措施包括挖除、砍倒等。

(1)根据出笋期的不同,采取不同的留笋养竹方式。早期笋大部分为浅鞭笋,虽然养分较为充足,但成竹质量不高,可根据发育情况择优留养个别优质春笋,其余笋可以挖除,也可任其死亡或疏除;清明前后的盛期笋成竹率高,成竹质量好,留笋养竹的重点就是盛期笋;末期笋成竹率不高,且质量较差,应根据立竹密度择优保留,如及时疏除病虫笋、过密笋、小笋、歪笋等,保留粗壮、位置适合的笋。如果疏除的笋有经济价值,则挖取带回;如果没有经济价值,则直接砍倒或踢倒,阻止其进一步发育。留养的健壮母竹笋要布局合理,当健壮竹笋密集分布时,要坚决疏除一部分,使留养的母竹笋株数更加合理。当一些地段健壮竹笋稀少时,要及时疏除小笋和弱笋,消除其顶端优势,促发新的竹笋,从中选取健壮粗大的培养为毛竹。

(2)疏笋强度应根据当年的气候条件及竹林经营目的来定。在气候条件有利于发笋的年份应增大疏笋强度;出笋量多的竹林可适当强疏,出笋量少的应适当少疏;以培养大毛竹为主的竹林,也可适当多疏笋;一般材用毛竹林疏笋强度宜小不宜大。一般大小年明显的丰产材用毛竹林出笋大年每亩留养85～90个大壮笋,尽量使其分布均匀,其余的一律疏除。大小年不明显的丰产材用毛竹林,每亩每年留养45～50个大壮笋。

(3)疏笋次数越多越好,疏笋次数多,可以及时促发更多的健壮笋、粗大笋,留笋养竹有更多的选择余地。因此,最好在笋期经常疏、及时疏,疏早、疏小效果好,疏迟了起不到疏笋的应有作用。但疏笋次数过多也会造成人力成本过高,考虑到经济因素,一般在出笋早期疏1次笋,出笋盛期疏2～3次笋,在5月最后一次疏笋。

（4）及时挖除或疏除退笋。退笋若不挖掉，则会在地里变质腐烂，从而降低食用价值和招致病虫害。而且退笋在死亡过程中仍要消耗鞭竹系统养分，即使不能挖取利用，也要尽早砍掉或踢掉地上部分。

（五）小年笋的管理

小年笋的管理有两种方式。大小年经营的材用毛竹林，一般采取"大年养竹，小年挖笋"的经营方式，在出笋大年留笋养竹，将出笋小年的小年笋全部挖除，包括小年冬笋也可全部挖除。当然，是否全部挖除取决于采挖成本的高低，当采挖成本过高时，小年的冬笋可以不开展商品采挖。花年经营的材用毛竹林，其总的竹材产量更高。若将大小年分明的材用毛竹林改造为花年经营的材用毛竹林，可实行留养小年笋的经营方式，以便提高竹林产量。留养小年笋可提高竹林的成竹数，随着逐年留养，小年竹在竹林中的比例逐渐增加，再加上合理培土、施肥等管理措施，其质量会逐步提高。当然小年春笋的留养要注重留养质量。刚开始留养时，小年笋质量不高，留养的数量可以适当低一些，以后随着大小年母竹数量的不断接近，可以适当增加留养数量，当大小年母竹株数基本趋同时，每年的留养数量可基本保持一致。

大小年经营的材用毛竹林，小年冬笋和春笋一律挖除，无采挖价值后停止采挖，5月中旬开展一次疏笋，疏除后期长出的笋。花年材用毛竹林的春笋，每年每亩留养45～50个大壮笋，且留养的笋要尽量分布均匀，逐步使材用毛竹林成为每年成竹竹株数量基本相等的毛竹林。

二、清除杂灌

长期无人经营、几乎处于原始状态的竹林或竹木混交林，因受人为影响少，枯枝落叶层厚，土壤富含有机质、肥沃疏松，一经改造，竹林能迅速发展，生产潜力很大。针对这种竹林，材用毛竹林建设的主要措施是砍除杂灌、清理林地、扩笋养竹。林地清理后要持续2～3年的劈山抚育，使树桩和灌木丛自然死亡，不再萌发,以减少地力的消耗。由于这类毛竹林具有较高的土壤肥力,竹林改造容易见效,一般经过两次留笋养竹就能郁闭成林。由于材用毛竹林郁闭度一般较大,杂灌清除后不易萌发。

三、垦复松土

建设前的材用毛竹林,要么被过度采伐、过度挖笋,留下的毛竹竹株质量太差,竹林稀疏,土壤养分随着竹材的采伐和竹笋的采挖被大量带走,却得不到补偿,从而导致土壤板结、肥力低下,需要进行垦复松土、合理施肥;要么是未曾经营过的毛竹林,这类竹林面积大,林内枯枝落叶多,有机质较为充足,但林内竹株质量参差不齐。对这类竹林进行改造的主要措施是劈山垦复,将上层土壤翻入下层,使枯枝落叶进一步变成腐殖质,并通过改善林地的通气状况来改善毛竹地下鞭根的生存环境,促使鞭根充分发育,萌发出大量的健壮竹笋并成竹,提高单位面积的立竹数和立竹质量。竹林垦复宜深垦,浅表土壤的垦复很难起到改良土壤的作用,反而造成人力浪费。由于垦复投入的人工成本很高,集约经营的毛竹林才会采取垦复措施,一般经营的毛竹林可以不采取垦复措施。

四、科学施肥

材用毛竹林一般施用农家有机肥、精制有机肥、毛竹专用肥或毛竹全营养有机菌肥,与不施肥相比,施肥对竹林的增产作用十分明显。越是竹产业发达的地区,材用毛竹林施肥的比例越高,产出也越大。为改善土壤结构,一般每亩施用发酵农家肥4000~5000千克,或施用精制有机肥1000~2000千克。有机肥肥效较为持久,且能增加土壤腐殖质含量,有效改善土壤通气状况,促进营养成分的利用。施用有机肥一般采用沟施的方式。毛竹专用肥的施用一般采取挖笋后穴施或竹株上方穴施的方式,使肥料能集中使用,发挥最大的效益,一般每亩施肥50千克左右。毛竹全营养有机菌肥的施用量和施用方式与毛竹专用肥基本相同,大小年经营的材用毛竹林,在小年的8~9月施一次,花年经营的毛竹林,在每年的5~6月和8~9月各施一次,施后覆土。毛竹林春季发笋成竹后,地上生长相对停止,转为地下鞭梢生长;7月之后,鞭梢生长减慢,进入孕笋期。因此,在这两个时期施肥能显著增加出笋量和成竹率。花年经营的材用毛竹林养分蓄积少,需要多施一次肥。

五、合理采伐

为了获取更多竹材,材用毛竹林要保持很大的立竹密度,在不钩梢的情况下,每亩立竹株数一般在230~300株,合理立竹株数随立竹平均胸径的大小不同而有所变化。毛竹的年龄结构一般为1~4度竹(1~7年生)占90%,5度竹(8~9年生)占10%。每次采伐以采伐5度竹为主,4度竹次之。钩梢的材用毛竹林最大密度可达每亩350株。

(一)毛竹采伐季节

不同季节采伐对竹林生长发育的影响不同。在生长旺盛的季节,竹子的新陈代谢十分旺盛,采伐毛竹会引起大量伤流。伤流富含养分,溢出后容易引起病菌感染,导致竹鞭感染,同时也会消耗大量的养分。因此,应尽量避免在生长季节采伐毛竹,宜在冬季休眠期进行采伐。大小年经营的材用毛竹林一般在大年的冬天采伐,每两年采伐1次或每四年采伐1次。花年竹林可一年采伐1次,以采伐小年老竹为主,即采伐竹叶发黄来年即将换叶的竹株,而不能采伐竹叶茂密、浓绿、孕笋能力强的大年竹株,否则会严重影响来年新生竹的产量和质量。

(二)采伐毛竹竹龄

刚刚成竹的毛竹不具备发笋能力,随着竹龄的增加,毛竹的发笋能力逐渐增加,3~5年生毛竹的发笋能力最强,6年生毛竹的发笋能力开始下降,但仍然具备较强的发笋能力。6年生以下的壮龄毛竹不可随便采伐,否则会严重影响毛竹林的生长发育和繁衍,要保留6年生以下的毛竹,采伐7年生以上的毛竹,6年生毛竹则根据疏密程度可部分采伐。为了更加准确地确定采伐竹的年龄和采伐数量,可进行号竹,将新生竹标上出土年份,一般写年份的最后2位或3位数,以便于识别,这也是丰产材用毛竹林必要的经营技术措施。

（三）采伐方式和强度

竹林内竹株各异，有老幼之分、有大小之分、有强弱之分，所以毛竹的采伐只能采用择伐。一般竹林采伐前，首先应根据号竹标识的竹龄和生长状况确定需要采伐的竹株，标上记号，一般标"×"号，然后再采伐。采伐要根据"四砍四留"原则进行，即砍老留幼、砍弱留强、砍小留大、砍密留稀。对稀疏竹林或林中有"空窗"的地方，即使是已达到采伐年龄的毛竹，也应暂时保留，待有新发合格竹笋成竹时再行替换，予以伐除。只有这样，才能保证竹林的生产力不断提高。确定采伐竹是一项技术性较强的工作，应由有经验的人员承担。采伐后应将竹蔸的竹节打通，以便下雨时贮藏水分，加速竹蔸腐烂。

采伐强度即单位面积的采伐量，应根据毛竹林现有立竹密度和采伐频率决定，以采伐后毛竹林内有足够的母竹数量和合理的年龄结构为度，以实现毛竹林的更新发展为原则，立地条件和经营条件较好的毛竹林在采伐后每亩保留250～300株，一般经营毛竹林为200～230株，且留养的母竹株数应按年龄组成，最好是1度竹占20%。同时，要根据竹林叶面积指数的大小确定留竹量（见表3.1）。

材用毛竹林的竹叶面积指数大小与立竹密度大小、立竹胸径大小、立竹均匀度相关。表3.1所示的实际上是一种理想状态下的数据关系，即立竹的整齐度和均匀度很高。在确定立竹密度和采伐量时，可根据竹林的叶面积指数进行计算。我国经营较好的毛竹林的叶面积指数为7～8，而一般毛竹林的叶面积指数为5～6。从表3.1中可以查出与毛竹林平均胸径数相对应的叶面积指数和应保持的立竹密度。若毛竹林平均胸径为11厘米，叶面积指数要求达到6～7，则立竹密度299～349株/亩为合理密度。然而，一般材用毛竹林的整齐度和均匀度很难达到较高的数值，所以在实际操作中应适当降低每亩株数。

表3.1　竹叶面积指数和立竹密度的关系

立竹密度（株/亩）		竹林的叶面积指数									
		1	2	3	4	5	6	7	8	9	10
竹株平均胸径（厘米）	5	146	292	438	584	729	875	1021	1167	1313	1459
	6	118	237	355	473	591	710	828	947	1065	1183
	7	91	182	272	363	454	545	636	727	817	908
	8	64	127	191	255	319	382	446	510	574	637
	9	60	118	177	236	295	353	413	472	532	590
	10	55	109	163	217	272	326	381	435	490	544
	11	50	100	149	199	249	299	349	398	448	498
	12	45	90	135	181	226	271	317	362	407	452
	13	41	81	122	163	204	244	285	326	367	407

六、人工控梢

毛竹鞭根浅，又为横向生长，加上尖端下倾，所以固定竹株的能力不强，竹株容易倒伏。合理钩梢，除掉新竹顶端，可以防止毛竹倒伏，使竹通直。钩下的竹梢可加工成扫帚等，增加经济收入。钩梢时间一般以10～11月为宜，此时新竹竹枝已经充分木质化，钩梢不会影响劈篾材性，竹梢的质量也好。钩梢强度一般不超过竹冠总长度的1/3，每株毛竹留枝应不少于15～20盘。过度钩梢会使竹叶数量减少，林冠稀疏，竹林叶面积指数下降，降低竹林通过光合作用合成养分的能力，使竹林生产能力下降，并对竹林质量产生不良影响。以往年份容易倒伏的毛竹林地段，应实施钩梢；不容易倒伏的毛竹林地段，可不钩梢。

人工控梢还可以采取人工摇梢措施，这一方法简单易行，适宜在容易发生倒伏的地段实施。

第五节　笋用毛竹林经营概要

笋用毛竹林是指以获取毛竹笋为主要目的的一种毛竹林经营模式。笋用毛竹林以产笋为主,也产小部分竹材。这类竹林大多选择在低山缓坡地带,立地条件比较好,经营面积一般不大,但集约程度高、笋产量高、经济效益好。根据经营习惯不同,其可以分为大小年笋用毛竹林和花年笋用毛竹林;根据集约化程度不同,又可分为集约经营笋用毛竹林(或称丰产高效笋用毛竹林)和一般经营笋用毛竹林。笋用毛竹林的经营培育技术主要有土壤管理、选留母竹、挖竹采笋、输水灌溉等。

一、土壤管理

笋用毛竹林的生长要求土壤疏松、透水透气,以期获取更多的毛竹笋产品。其土壤管理主要采取松土除草、施肥培土或撩壕施肥。

(1) 清除杂灌:笋用毛竹林立竹密度较材用毛竹林小,林地郁闭度较小,透光透气,杂草和灌木容易生长,且生长速度很快,易与母竹争夺水肥,消耗地力,并与毛竹争夺生存空间。宜在每年的7~8月将这些杂草和灌木清除,部分高大乔木也要伐除,每亩仅保留5~10株乔木。清除杂草灌木后,木质化的部分要运至竹林外,幼嫩的枝条和掉落的叶腐烂后还可作为肥料。同时,除去杂草灌木也可清除病虫的中间寄生和越冬场所,从而减少笋用毛竹林的病虫害。另外,还便于挖笋施肥和开展竹林垦复松土。

(2) 松土垦复:竹鞭有趋肥、趋松、趋湿、趋阳的特性,需要土壤透水、透气性能好,这样有利于竹鞭的生长发育和孕笋长竹。通过松土垦复,可以改善竹林土壤的物理性状,使土壤迅速变得疏松透气,从而有利于鞭根系统的生长发育,长出粗壮的长鞭段,大量孕育出大笋、壮笋。垦复深度在20~30厘米,同时挖除树蔸、老鞭、竹蔸、石块并清理出林地。

福建省建瓯市竹类科学研究所的林振清长期从事竹林经营研究与技术推广工作,并大力推行竹林垦复技术。通过他的努力,建瓯市的笋用毛竹林面积大幅扩大,单产大幅提高,冬笋平均亩产超百斤,春笋产量提高3倍以上,全市春笋年产量达到了30万吨。

(3)科学施肥:毛竹笋的生产需要消耗大量的营养元素,而土壤无法自行有效补充,需要通过人工施肥来使土壤中的各类营养元素保持动态平衡。施肥是笋用毛竹林土壤管理的重要环节,一般施用毛竹专用肥或毛竹全营养有机菌肥,每隔几年施一次有机肥,以保持地力。

最先选定的笋用毛竹林,第一年处于调整竹林结构的始期,第二年的竹笋产量也不会高,应结合垦复松土,以施有机肥为主,把有机肥料均匀地撒入林地,垦复松土时把肥料翻入土内,可不施毛竹专用肥或毛竹全营养有机菌肥。自第二年起,每年最好对笋用毛竹林施两次肥,为来年产笋打下基础。第一次施肥在5~6月,施行鞭肥,以施毛竹专用肥或毛竹全营养有机菌肥为主,在挖春笋以后进行,因春笋生长和留养新母竹,消耗了大量养分。春笋期过后,接着新竹开始生长,需要更多养分,必须进行施肥补充。每亩施毛竹专用肥或毛竹全营养有机菌肥50千克,在竹株上方挖穴施肥或在挖笋留下的孔洞施肥。第二次施肥在8~9月,施孕笋肥,施肥方式和施肥量与第一次施肥相同。经营约5年后,可以在农历正月十五后加施一次催笋肥,一般施速效氮肥,以尿素为佳,在下毛毛雨时撒施或有露水的晴天撒施,以促发更多的竹笋。有机肥每隔五年施1次,施用量为4000~5000千克/亩。

二、选留母竹

笋用毛竹林的培育特点是减少留竹量,消除一部分顶端优势,促发更多的竹笋,其母竹留养密度一般比材用毛竹林小。一般在胸径为9~11厘米时,以采伐后每亩100~150株母竹为宜。从理论上说,其竹龄组成为新竹占1/6、2度竹占1/3、3度竹占

1/3、4度竹占1/6。每年留养当年生新竹20～25株,这样就能保证笋用毛竹林的母竹以2～3度壮龄竹为主,持续保持笋用毛林旺盛的生命力和强大的发笋能力。

应在清明前后的春笋出笋盛期选留母竹,母竹分布要均匀,植株要健壮,大小要均匀,既不过大,也不过小。在冬季休眠期采伐母竹,按留养密度和年龄结构,每年采伐的老竹数量要略少于新母竹的数量或两者大致相等,以保持竹林立竹密度的大致平衡。

三、挖笋采竹

笋用毛竹林很少挖鞭笋,一般在10月底至次年2月挖冬笋,3月中下旬至4月中下旬挖春笋,有的年份春笋可持续采挖至5月上旬。我国幅员辽阔、气候各异,各毛竹分布区的挖笋时间不尽相同。挖冬笋时要注意保护好竹鞭和鞭芽,以免影响来年的春笋产量。挖春笋时,早期笋要采挖,以促发更多的盛期笋。盛期笋除了留养母竹以外,其余一律挖除。留竹的当年冬季,要采伐老弱病残竹,以维持竹林结构平衡。

四、输水灌溉

笋用毛竹林的生长发育离不开充足的水分,特别是孕笋期和出笋期需水量更大,若这两个时期缺水,则会造成竹笋大幅减产。笋用毛竹林需要建设灌溉设施,一般包括建设贮水装置,埋设输水管网,购置抽水设备,以便在缺水时进行灌溉补水,从而保证天旱不减产。也可开设竹节沟,从而减少雨水冲刷,还能贮水防旱。

第六节　笋材两用毛竹林经营概要

笋材两用毛竹林是指兼顾获取竹材和竹笋的一种毛竹林经营模式。在其经营过程中,既要考虑毛竹竹材的产量,又要考虑毛竹笋的产量,所以既要采取一定的措施增加竹材的产量,又要采取一定的措施增加竹笋的产量。因此,在留笋养竹方面,如何选择留养母竹的数量,是两者兼顾并获得理想收益的关键。

一、林地选地

(一)林地质量

既要获得较高的竹材产量,又要获得较高的竹笋产量,这就需要在选地时进行严格挑选。首先是竹林林分质量要好。立竹胸径在9厘米以上的占大多数,这样才能在开展竹林结构调整时有选留足够数量合格母竹的余地。立竹的年龄结构合理,幼壮龄竹占比高,尤其是健壮的幼壮龄竹的数量应超过每亩100株,否则在后期经营过程中,将不得不留养一批老竹,不仅影响发笋成竹能力,还要花费大量时间来留养合格母竹。留养的母竹在短时间内无法正常发笋成竹,这对后期的产量提高将形成很大制约。其次是立地条件要好。尽量选择坡度较小、海拔较低的中下坡位置的毛竹林地,且土层较为深厚,有较强的支撑毛竹发育的物质基础。一般要求土层厚度在40厘米以上,最好超过50厘米。

(二)交通条件

交通条件是影响笋材两用毛竹林经济效益的重要因素。竹材较为笨重,人工背运效率极低,所以交通条件的选择十分重要。应选择竹林道状况较好的竹林地,竹林道要直达林中各主要位置,并且林道的坡度不能大。

二、经营措施

(一)除草除杂施肥

每年7月砍除竹林内杂草、灌木,每亩保留5~10株的阔叶乔木。在割灌除草的同时,调整竹林结构,伐除老竹、病残竹和小竹,每亩保留立竹180~200株,并根据难易度挖除部分竹蔸和乔木树蔸,清除部分土中的大石头,对裸露的老竹鞭和挖除树蔸、竹蔸时发现的老竹鞭给予及时挖除。铲土刨草,破坏杂灌根系,抑制杂灌继续萌发。合理施肥,特别是在每年的5~6月施行鞭肥,8~9月施孕笋肥,以复合肥或毛竹专用肥为宜。经营一段时间后,可在每年的农历正月十五后施一次催笋肥,一般施尿素或碳铵(即碳酸氢铵)。

（二）合理挖笋留竹

当冬笋可以产生经济效益时，可以组织采挖，但注意不要损伤鞭根，也不要损伤鞭芽。

春笋的采挖很关键。笋材两用毛竹林一般每亩保留立竹180～200株，花年经营的笋材两用毛竹林，每年留养母竹30～35株，大小年经营的笋材两用毛竹林，大年留养母竹45～50株，小年不留养母竹。留养母竹的时间不同，对竹笋的产量影响很大，因为挖笋是一个消除顶端优势的过程，挖笋后能够促发更多的竹笋萌发。什么时候留竹，留多少竹，是能否取得竹笋和竹材双丰产的一个重要技术环节。

早期春笋要及时挖除，以促发更多的盛期笋。在春笋出笋盛期留养母竹，这是业内的共识。盛期留养母竹，母竹成竹率高、成竹质量高。但盛期可出笋5～7批，在哪个批次留养母竹需要综合考虑。过早留养新竹，虽然可以保证竹材产量，但"笋—竹"在生长过程中消耗大量养分，对竹笋的产量影响较大；反之，过迟留养新竹，竹笋产量可以增加，但新竹的数量和质量又将难以保证。盛期的第一批笋，达到采挖要求的笋的数量较少，一般要全部挖除；盛期的第二批笋，质量和产量将达到高峰，此时留养母竹，将影响竹笋产量，所以不留养母竹；第三批盛期笋，此时竹笋质量略有下降，但仍然很好，出笋的数量也多，此时留养母竹较为适宜。留养母竹后，将其余达到采挖条件的笋一律挖除，弱势笋和死笋也一律挖除或砍除。后面的批次，除了替补受损、弱化的留养母竹笋以外，一律挖除。

（三）合理采伐

采伐是调整竹林结构的主要手段，通过调整竹林的立竹密度、整齐度、均匀度、年龄结构和立竹大小，可以进一步优化笋材两用林的结构，使其具备增产的能力。3～5年生毛竹的发笋能力最强，6年生毛竹的发笋能力开始下降，7年生毛竹的发笋能力下降更多，但仍然具备较强的发笋能力。6年生以下的壮龄毛竹不可随便采伐，否则会严重影响毛竹林的生长发育和繁衍。花年经营的笋材两用毛竹林,以采伐7年生及以上的毛竹为主,每年采伐30～35株,若出现了林中"空窗",则7年生及以上的毛竹也要适当保留。大小年经营的笋材两用毛竹林,以采伐7年生以上的毛竹为主,大年采伐45～50株,若出现了林中"空窗",则7年生以上的毛竹也要适当保留。

（四）及时灌溉

毛竹林的生长发育离不开充足的水分,尤其在孕笋期和出笋期需水更多,若这两个时期缺水,则会造成大幅减产。笋材两用毛竹林可在适当位置建设适量灌溉设施,一般包括建设贮水装置,埋设输水管网,购置抽水设备,以便在缺水时进行灌溉补水,从而保证天旱不减产。也可开设竹节沟,从而减少雨水冲刷,还能贮水防旱。

为了减少投入,在选地时要尽量选择竹林高处有水源的竹林地,以便引水灌溉,并减少灌溉方面的建设投资,提高经济效益。

（五）适当控梢

为了减少雨雪冰冻灾害的危害,可以进行人工钩梢和人工摇梢,通过控制顶梢来减少雨雪冰冻灾害带来的损失。

第四章　集约经营笋用毛竹林培育技术详解

毛竹笋是一种健康食材,近年来,竹笋的市场需求稳步上升,2020年虽然受新型冠状病毒肺炎疫情影响,但竹笋市场的销售仍然呈上升的趋势。据中国竹产业协会统计,2020年中国竹笋的实际采挖量为800万～1200万吨。毛竹分布范围广、面积大,是竹笋产量最大的竹种。以获取竹笋为主要经营目的的竹林经营模式称为笋用竹林经营模式,其中笋用毛竹林的种植面积最大、产量最高。笋用毛竹林的主要获取物为毛竹笋,也可获取一定的竹材,但收获竹材不是经营目的,而是经营过程中的副产品和母竹更替时的附带品。

近年来,笋用毛竹林的经营面积扩展的速度很快,遍及福建、浙江、江西、湖南、安徽、四川等省。笋用毛竹林经营技术也日趋成熟和完善,毛竹笋产量大幅提升,笋用毛竹林经营方式也得到越来越多的重视。其中,集约经营笋用毛竹林培育技术在全国各地得到了广泛推广。集约经营笋用毛竹林培育技术也称丰产高效笋用毛竹林培育技术,是一种以条件良好的毛竹林为基础,持续调整笋用毛竹林林分结构,改善土壤理化性质和营养状况,以获得毛竹笋持续高产稳产,实现最大经济效益为目的的毛竹林经营方式。

第一节　笋用毛竹林经营的基本原理

培育集约经营笋用毛竹林以大量获取毛竹笋为主要目标。据报道,笋用毛竹林产笋最高记录为一亩地挖笋1995个,这一数字对于普通竹林而言近乎是一个天文数字,但是通过集约经营、科学培育,笋用毛竹林的发笋潜力是非常巨大的。

笋用毛竹林的竹鞭上有大量的鞭芽(见图4.1)。据估计,每亩竹林土壤内成活的鞭芽多达8000~10000个,一旦条件成熟,大量的鞭芽就会转化为笋芽,并膨大发育成笋。这是笋用毛竹林,特别是集约经营笋用毛竹林培育理论的基础。

图4.1　健壮毛竹鞭上的鞭芽

自然状态下的毛竹林,竹林内杂草、乔灌木密布,它们同毛竹争夺养分和生存空间,所以毛竹的生长发育严重受限(见图4.2)。由于缺少人工干预,即使是发育不良的竹笋也能长成劣质母竹,同时已经老化的母竹仍然在竹林内存活,这些老弱病残母竹虽然是鞭竹系统的营养器官,但它们中的绝大部分非但不能为鞭竹系统提供养分,反而要从鞭竹系统中转移养分来维持自身生命活动。竹林中的健壮母竹,既要与杂草、乔灌木竞争,又要克服竹林内因通气状况不良、卫生状况不佳而带来的病虫害侵扰,还要负责一部分老弱病残竹的营养供给,从而使自身输出多余养分的能力大打折扣。由于没有进行竹林密度调整,竹株无规则地散布在毛竹林内,造成竹株之间相互重叠,相互之间影响光合作用,而毛竹林的"空窗"又造成光热能的白白流失,使整片毛竹林利用光热能的效率大大降低。

自然状态下的毛竹林,没有进行土壤结构调整,竹林内竹鞭、树根、草根纵横交错,拥塞于可利用的土层内,使竹鞭生长发育前行受阻。土壤不疏松,表土通气状况不良,土壤养分缺失,加上竹蔸、树蔸和石块等大量占用土壤的可利用空间,给竹鞭的正常生长带来巨大障碍。

图4.2　自然状态下的毛竹林

在实施笋用毛竹林各项经营技术措施后,竹林内的杂草、灌木及部分高大乔木被伐除,减少了养分竞争者,改善了林内通气状况和卫生状况;竹林内的老弱病残竹被伐除,减少了鞭竹系统内的养分消耗者;调整毛竹密度,增加了光热能利用率,通过伐除部分劣势母竹,消除了竹林内的部分顶端优势,也促使鞭芽转化为笋芽。通过开展竹林深翻垦复,清除了部分老鞭、劣鞭、竹蔸、树蔸和石块,使笋用毛竹林土壤疏松度增加,土壤通气状况改善,土壤中竹鞭生长发育的环境大大改善;通过人工施肥,大大增强了土壤肥力;通过人工灌溉、人工控梢、防治病虫害等措施,使笋用毛竹林抵御自然灾害的能力大大增强;通过科学留养健壮母竹,替换老弱病残母竹,使健壮母竹成为主流。通过4~5年的调整,竹林从土壤中吸收养分和通过光合作用合成养分的能力大大增强(见图4.3)。

在调整到位后,鞭芽大量转化为笋芽,其中一部分发育成笋。

当挖取部分竹笋时,由于消除了一部分顶端优势,加上竹林养分充足,一部分笋芽迅速发育成笋,待新笋长大,再进行一次挖除。由于调整后的竹林养分充足,又会有新的笋芽发育成笋。进入成熟稳定经营期的集约经营笋用林,其春笋盛期可挖笋7~8批次,不挖不生,越挖越生,亩产量最高可达2500千克。此后只要持续不断地开展培育,笋用毛竹林就能长期稳定地大量产笋,从而令竹农获得较为稳定的经济收益。

图4.3 调整到位后的笋用毛竹林

第二节 林地的选择

集约经营笋用毛竹林以大量获取毛竹笋为主要目标。笋用毛竹林经营投入较大,如果产出达不到预期要求,那么就很难获取收益,这就要求在选取毛竹林地时,要选择条件优越的毛竹林地来建设笋用毛竹林(见图4.4)。选择毛竹林地是集约经营笋用毛竹林最基础的一道工序。

图4.4　条件优越的笋用毛竹林建设地块

一、选择毛竹林地的条件

选择土壤条件和交通条件优越、单产潜力大的林地。毛竹鞭根的穿透力很强,但板结的土壤会影响鞭根向前生长。板结的土壤内透水透气性差,微生物活动受到抑制,分解有机质和促进矿物质溶解的作用减弱,鞭根系统容易生长不良。同时,土壤板结也可造成下雨时的地表径流增大,造成土壤表层养分流失。因此,要尽可能选择团粒结构好、结构疏松、孔隙度大、容易透水透气的土壤;毛竹的竹鞭大多集中在0～40厘米深的土层内,毛竹鞭根的发育需要充裕的地下空间,所以笋用毛竹林地必须土层深厚;毛竹生长发育的土壤pH为4.5～7.0,适宜pH为5.5～6.5;砂壤土具有良好的理化性质,适宜毛竹的生长发育,培育的毛竹笋品质最好,黏土和重黏土、盐渍土不利于毛竹的生长发育,培育的毛竹笋品质较差。大量采收毛竹笋会消耗大量的养分,根系需要从土壤中吸收大量的氮、磷、钾、铁、硅、硼等元素以及其他物质，其中氮、磷、钾的需求量特别大，所以笋用毛竹林地必须土壤疏松、肥沃，土层深厚。一般来说，要尽可能选取土层厚度在50厘米以上的毛竹林，土壤为乌砂土或砂壤土，微酸性。交通条件便利也很重要，交通条件不好，经营和采挖成本就会大幅升高，影响经济效益，所以选取的毛竹林地必须交通便利，也可选择目前交通条件不好，但后期计划修建林道的适宜毛竹林地。经营和采挖的距离不能太远，否则耗时太长，既影响经济效益，也不利于就近管理。

山坡的顶部易遭受风灾和雨雪冰冻灾害，不利于毛竹的正常生长；海拔过高，也会影响毛竹的生长发育。由于雨水的淋溶作用，山坡上部或坡度较大的坡地的养分和矿物质会不断向下坡方向流失，山坡上部和坡度较大的坡地的土壤一般较为瘠薄，无法支撑毛竹笋的高产出。一般在丘陵和低山地区选取海拔500米以下的毛竹林，山区可选择海拔800米以下的毛竹林。一般选择中、下坡，平均坡度尽可能控制在15°以下，如果条件不允许，那么平均坡度最好不超过25°。丘岗区低缓浑圆的小山包，海拔在300米以下的，全坡均可进行笋用毛竹林开发建设。

毛竹林的生长和毛竹笋的发育需要消耗大量的水分，笋用毛竹林对水的需求量很大，所以笋用毛竹林地要求土壤湿润，或者附近有水源，以利于干旱时取水抗旱。然而，毛竹又不耐水渍，低洼积水或者地下水位过高的毛竹林，都不适宜用于建设笋用毛竹林。

坡向也很重要。我国的毛竹林生长区均位于北回归线以北，北坡为阴坡，南坡为阳坡，南坡的气温和土温均高于北坡，在竹笋出土季节，坡向对出笋的影响很大，一般南坡的产量高于北坡，所以笋用毛竹林地一般选择南坡。

竹林的林相和年龄结构也是十分重要的条件。竹林林相较好，年龄结构合理，就能够更快地进入高产稳产期，缩短开发建设时间，提高经营经济效益。选取的笋用毛竹林，林相要较为齐整，即竹株分布较为均匀,竹株过密、过疏现象很少,基本无林中空地,竹株平均胸径在8~11厘米,每亩胸径7厘米以上的立竹株数在150株以上,每亩最好有5株以上的阔叶树,年龄结构以幼壮龄竹为主,或者每亩的幼壮龄竹株数在100株以上。

　　开发建设的难易度也是一个重要因素。笋用毛竹林的建设是一项经济活动,必须考虑成本与收益。影响笋用毛竹林建设成本的主要有两个方面:一是林中有大量杂灌,需要花费大量的人力来采伐并清理出去,如铁芒萁(见图4.5)、鳞毛蕨、狗脊、短肠蕨、白茅、五节芒等顽固性杂草很难清除,且覆盖率高;二是垦复的难易度,若选定的毛竹林土壤板结紧实,土壤中夹杂大量石块,有大量的树蔸和竹蔸需要挖除,则垦复的难度大,且这样的毛竹林必须经过垦复才能有较高的产量。

图4.5　铁芒萁

顽固性竹类虫害严重影响竹林的生长发育和竹笋的培育,一旦成灾,竹笋产量就会断崖式下跌。常见的虫害有黄脊竹蝗、刚竹毒蛾等,特别是黄脊竹蝗,繁殖力超强,扩散速度很快,防治难度大,必须群防群治才能控制。如果选定的笋用毛竹林地周边长期遭受黄脊竹蝗的危害,那么此林地就不适宜建设笋用毛竹林。竹镂舟蛾、竹箎舟蛾等的幼虫都被称为竹青虫,竹青虫害发展迅猛,防治难度很大,且很难预测,但一般情况下多年才会发生一次,故不认为是顽固性虫害。

二、林地因子的确定方法

(一)土层厚度的确定

土层厚度可以通过林内修建的林道或作业道的上边坡的横截面断层来进行判断。从横断面可以清晰地看到土壤的分层情况,最上面为覆盖层,由地面上的枯枝落叶等堆积组成,其下为淋溶层,是适宜植物根系发育的一层,生物学意义上的土层厚度就是指这一层的厚度,也称有效土层厚度。淋溶层以下的土层不易透水,不适宜植物根系发育,所以不属于有效土层。用卷尺丈量枯枝落叶下面第一层土壤的厚度,这就是土层厚度。如果毛竹林内没有林道和作业道,那么可以选择在斜坡地段往下挖,通过挖取一个或多个垂直的横截面来测量土层厚度。建设集约型笋用毛竹林一般选取土层厚度在50厘米以上的毛竹林地。

(二)乌砂土和砂壤土的确定

乌砂土表土层呈黑色,有机质含量十分丰富,土壤疏松,土壤团粒结构很好。黏土成分占40%左右的土壤称为砂壤土,砂壤土含砂量适中,超过2毫米的砂粒较少,干时可成块,但易破碎,湿时可感到黏性,将其握成土块后,不易破碎。通过观察挖取的土壤,可以确定土壤质地。

(三)土壤pH的确定

土壤pH不需要很精确,可以通过pH试纸来测定。pH试纸可以在专门的商店或网上购买。使用pH试纸测量土壤pH的简易操作步骤如下:在连续几个晴天后,在待测毛竹林地表土层以下20厘米处取土,可以多取几个点的土,将土用手捏碎,装入一个带盖和刻度的瓶内,准备一瓶从市面上购买的纯净水,按1:2.5的土、水体积比配制土水混合物(矿泉水不行,只能用纯净水)。盖好盖子,用力摇匀后静置1小时,此时混合物出现明显分层,下层为土,上层为清水。将pH试纸的一段浸入上层清水中,根据pH试纸的颜色变化,再对照购买pH试纸时商家提供的标准比色卡,就能基本确定土壤的pH。除了使用pH试纸或其他工具测定土壤pH之外,也可通过调查林内酸性土壤指示植物的方式来推断土壤酸碱度。例如,林内铁芒萁很多,说明土壤为强酸性土,可通过施生石灰等措施来调节酸碱度。又如,林内杜鹃很多,说明土壤为酸性土,应抽样调查土壤酸碱度。我国毛竹自然生长区的碱性土壤较少,若选定的笋用毛竹林内有碱性土壤,则可以通过调查碱性土壤指示植物的方式来进行确定。

（四）水源的确定

选取的笋用毛竹林,其所处位置相对高处有充足水源,并能通过较为经济方便的方式引水入林,或者林地内部偏高处有水源,并能通过管道将水源输送到笋用毛竹林内各处,均可视为有水源。选取的笋用毛竹林下部有水库或塘坝,其在干旱时水量充足,并能通过抽水设备较为方便地将水泵入笋用毛竹林内各处,也可作为笋用毛竹林的水源。若选定的笋用毛竹林位于山坡中、下部,而山坡上部有大片阔叶林时,因阔叶林的保水功能较强,故可以让中、下部土壤保持一定的湿度,使其常年不会缺水,则无需考虑笋用毛竹林的水源。

（五）林相和年龄结构的确定

林相整齐度采取高坡观测法,在选定的毛竹林地上方或侧方观察毛竹林地林相是否整齐,竹株高度是否基本一致,分布是否均匀,是否有林中空地,阔叶树分布是否均匀。亩均立竹株数、立竹平均胸径、立竹竹龄及阔叶树株数采取抽样调查法,在林中踏查,随机抽取2～3个100平方米的样地,调查每一株毛竹的胸径、株高、竹龄,记录每个样地的阔叶树株数,计算出亩均立竹株数、立竹平均胸径、立竹竹龄及阔叶树株数,可以先测量几株积累经验,然后就可以通过目测直接计数。

（六）坡度、坡向、坡位和海拔的确定

坡度可通过目测来估算,也可使用简易辅助工具进行测量。取一根较长的棍子或铝条沿斜坡摆放,然后在棍子或铝条的最下端水平摆放一根短的棍子或铝条,用手抓牢,形成一个钝角,使该钝角所在的面与坡面垂直相切,然后用量角器量出该钝角的度数,用180°减去该钝角度数,两者差就是斜坡的度数。坡向可以用手机软件"指南针"来测定,或者直接使用指南针来确定。进山以后,方向感会有一定程度的缺失,必须通过实际测定来明确方向。坡位要通过当地山麓平地和第一层山脊线之间的相对高度差来确定,从第一层山脊线起下行约1/3高度差为上坡位,从上坡位下行1/3高度差处为中坡位,以下部分为下坡位。第一层山脊线以内的小山包,若整个山包位于下坡位的高度,则视其为下坡位;若在中坡位的高度,则视其为中坡位,而不视为全坡。海拔可以借助手机软件(如"户外助手"等)测量,测得的数据大致准确,也可请当地林业部门根据地形图来确定。笋用毛竹林的平均海拔就是最高点海拔与最低点海拔的平均值。

（七）开发建设难易度的确定

在设立标准地调查毛竹林林相和年龄结构的同时,调查开发建设的难易度。例如,在选定的标准地内挖土,测定土壤的板结程度;挖土时翻开土壤,查看土中是否有长度超过5厘米的石块;调查标准地内木质灌木的株数和大小,草本植物的种类和覆盖率,确定毛竹林杂灌砍除和清理的难度;调查林内树蔸(包括待伐树的树蔸)和竹蔸的密集度,尤其是大树蔸,挖掘难度很大,应调查准确。

（八）顽固性竹类病虫害的确定

调查走访周边群众和村组干部,了解选定的笋用毛竹林地是否遭受过顽固性竹类病虫害的危害,了解周边是否有顽固性竹类病虫害成灾,以及了解当地是否采取了控制顽固性竹类病虫害的有效措施。选定的笋用林地和周边最好是没有发生过顽固性竹类病虫害。如果有发生过，但当地政府和周边有危害发生的单位能够实现群防群治，且有效控制了危害的发生发展，那么也可以开展笋用毛竹林的建设。

第三节　清 除 杂 灌

　　清除杂灌是选定笋用毛竹林地后必须采取的第一个经营技术措施。初次选定的笋用毛竹林地，林内一般小乔木或灌木较多，草本植物覆盖率较大，林内通风透气不良，严重影响笋用毛竹林地的经营管理。清除杂灌就是要清除笋用毛竹林地表的杂草、藤本植物、灌木、小乔木。若笋用毛竹林内有较多的高大乔木，则要伐除其中的一部分，每亩保留5～10株。

一、笋用毛竹林内杂灌的种类

　　自然生长的毛竹林内的植物群落结构非常复杂。最顶层为高大乔木，以阔叶乔木为主（见图4.6），如枫香、南酸枣、檫木等，其宽大的冠幅荫蔽了一部分竹林空间，然后是比高大乔木稍低的毛竹和与毛竹等高的阔叶乔木、针叶乔木，如杉木、苦槠、青冈、甜槠、椤木石楠、米槠、锥等，它们和高大乔木一起构成了笋用毛竹林地的上层结构。

　　中层以小乔木和灌木为主，阳性小乔木和灌木分布在林中空地或林缘，耐阴小乔木和灌木分布在林下。阳性小乔木树种有乌桕、山苍子、盐肤木、檵木、华中樱桃、杜英；阳性灌木较常见的有山莓、博落回、算盘子、茅莓、臭牡丹、紫珠、赤楠、白背叶、油茶、小叶石楠等。耐阴小乔木树种有朱砂根（见图4.7）、女贞、马尾松、紫楠等；耐阴灌木较常见的有杜茎山、虎刺、栀子、白花檵木、杜鹃、紫金牛、南天竹、构骨、大青、阔叶箬竹（见图4.8）、毛冬青等。

图4.6　阔叶乔木

图4.7　朱砂根

图4.8　阔叶箬竹

　　下层为草本植物,较常见的有毛蕨(见图4.9)、五节芒(见图4.10)、铁芒萁、鳞毛蕨、狗尾草、白茅、紫麻、淡竹、一年蓬、小飞蓬、竹叶草、商陆、酸模、星叶草、酢浆草(见图4.11)等。

图4.9　毛蕨

图4.10　五节芒

图4.11　酢浆草

藤本植物(含草本藤本和木本藤本)位于各层之间,一般为耐阴植物,常见的有杠板归、金樱子、菝葜、海金沙、山银花、薜荔、粗叶悬钩子、猕猴桃、空心泡、野葛、白英(见图4.12)、络石藤、土茯苓等。

图4.12　白英

二、杂灌对笋用毛竹林地竹株生长发育的影响

杂灌对笋用毛竹林的影响非常大,杂灌遍布的笋用毛竹林是无法产生良好的经济效益的。杂灌对笋用毛竹林的影响主要体现在六个方面。

（一）杂灌与毛竹争夺养分

杂灌的生长发育需要消耗大量的养分,造成毛竹养分缺失、生长不良,竹笋的萌发和生长都会受到很大影响,从而影响到笋用毛竹林的经济效益。特别是五节芒、白茅等恶性杂草,适应性极强,能在瘠薄的土壤中生长,极易在郁闭度较小的毛竹林中大量繁殖,形成种群优势,大量消耗地力。

（二）杂灌与笋用毛竹争夺生存空间

每一种植物在时间和空间上都有一定阈值的生态位,即植物的最小生存空间。杂灌挤占了笋用毛竹的生态位,压缩了毛竹的生存空间,使毛竹无法获取充足的光照和充裕的发展空间。

（三）杂灌严重影响土壤对毛竹的适生性

杂灌中的灌木和小乔木,其木质根茎在地下横行,当密度较大时,会阻碍毛竹地下鞭根系统的通行和发育,大量的树蔸挤占了笋用毛竹林地有限的生长土壤,灌木和大小乔木生长处,毛竹无法发笋长竹,笋用毛竹林的有效利用面积减少。草本植物在生长过程中,其根系在浅土层形成致密的树状结构,影响毛竹鞭根系统的通行和毛竹笋出土。铁芒萁、白茅、五节芒等植物的坚硬的茎根系在地表结成网状,使土壤的透气性大大降低。尤其是铁芒萁,其根系发达,地下茎具有无限分枝的特性,可交叉分枝、节节生根,庞大的根系组成一个密集的根网后,抗冲刷、固土能力特别强,使它成为促进南方水土流失区植被恢复的首选植物品种,但它也给笋用毛竹林的生产经营带来了很大困难,其根系附着在地表并结成块,很难清除。笋用毛竹林建成后,林内郁闭度较低,土壤条件改善,低海拔的湿润林缘易受狗牙根、牛筋草等恶性杂草危害,使土壤紧实度大大增加,影响毛竹笋出土。地表荫蔽会使地温增长较慢,而毛竹笋萌发受地温影响很大,间接影响了毛竹笋产量。白茅、五节芒等繁殖快,高度常常超过1米,干枯以后仍然直立,难以腐烂,其在春季对地温增加影响很大。

（四）杂灌影响林内通风透气,容易滋生病虫害

杂灌影响毛竹林内的通风透气,毛竹林内通风不良,容易滋生病菌、病毒。同时,杂灌给病虫害等提供了中间寄主或生存场所,也为病虫害繁衍后代提供了便利。

（五）杂灌严重影响林产品的采集和运输

杂灌丛生的笋用毛竹林内,竹笋的采挖和竹材的采伐都非常困难。一是人难以进入林内;二是周围羁绊多,给竹材的采伐和去枝断头带来极大不便;三是导致运输困难,采伐剩余物也运输不出去,堆在林内又难以在短期内腐烂,竹枝等堆积后,人在上面行走很容易滑倒受伤。杂灌密布的竹林,毛竹笋难以找寻;挥锄采挖时,因锄头柄比伐竹用的柴刀长很多,故受到的阻碍也更大;挖笋时杂灌还容易造成视线不明,给保持笋体完整性带来很大的困难;杂灌也会影响毛竹笋采挖后的剥壳和运输下山。一些杂灌带有枝刺,林农开展笋用毛竹林经营时易被刺伤。

（六）杂灌对笋用毛竹林的有益作用

杂灌对笋用毛竹林的经营影响并不全是负面的。林内的大乔木、小乔木、灌木和草本植物,在下雨时可以分梯次截留雨水,减弱雨水对地表的冲刷,减少水土流失。在截留地表径流的同时,林木的枝条、叶子、树干表面也可吸收部分降水,称为林冠截留水。雨水落地后,地面的枯枝落叶吸收部分降水,称为枯枝落叶截留水,再次起到截留地表径流的作用,枯枝落叶层吸水量一般可达自身重量的2~4倍。雨水的量再次减少,地表径流流速减缓,一部分地表径流被土壤吸收,渗入土层中的水量主要取决于土壤的孔隙度。土壤的孔隙度受土壤中的根系、腐烂的根的孔穴、小动物的洞穴等影响,这些孔隙吸水后主要受重力作用支配,慢慢下渗,直到不透水层后不再下渗,并从土壤中缓慢渗出。森林土壤的孔隙度远大于无林地土壤,杂木林土壤的孔隙度远大于毛竹林土壤,所以森林土壤的储水量远大于无林地土壤,杂木林土壤的储水量远大于毛竹林土壤。笋用毛竹林中的大乔木、小乔木、灌木和草本植物可以大大增强土壤涵养水源的能力,减少水土流失,减少地表径流对土壤的冲刷,减少表层耕作土的流失。耕作土层是笋用毛竹林提高产量的基础,保留部分杂灌对保护耕作土层的土壤意义重大。

森林中的乔木和灌木具有疏松土壤的功能。木本植物根系发达,能起到疏松土壤的作用,这种作用与毛竹鞭根系统是相反的,毛竹鞭根系统不断扩张,只会使土壤不断紧实、板结。

笋用毛竹林中的高大乔木在雨雪冰冻灾害中起着重要的支撑作用。毛竹根系浅,竹蔸下没有入土很深的主根和侧根,加上毛竹植株高大,尖端下垂并导致植株整体歪斜,容易造成毛竹倒伏。特别是遇到雨雪冰冻灾害时,更加容易倒伏,而高大的乔木能够起到很好的支撑作用。

笋用毛竹林中的大乔木、小乔木、灌木、藤本植物和草本植物可以为竹类病虫害的天敌提供隐蔽、栖息和繁衍的场所,为竹类病虫害的自然控制提供条件。

笋用毛竹林中的一些有益杂草,如鹅肠草、牛繁缕、酢浆草、球序卷耳、荷莲豆草、天名精、白花地胆草、鼠曲草、婆婆纳、蒲公英等,对经营笋用毛竹林的负面影响很小,且能起到涵养水源,夏天减少地表蒸发量的作用。这些有益杂草具有相同的特点:茎叶柔弱,植株矮小或匍匐,根系不发达,须根少,根系入土浅,对土壤的荫蔽作用较小。这类杂草在旱地里较为常见,经多年经营培育的笋用毛竹林中也会出现这类杂草。

三、笋用毛竹林地如何合理清除杂灌

因为杂灌对笋用毛竹林的经营既有正面影响,又有负面影响,所以在清除杂灌时,既要尽量保留杂灌对经营有利的一面,又要尽力消除杂灌对笋用林经营培育的不利影响。

(一)林内的杂灌要清除

杂灌消耗了笋用毛竹林内的很多养分,只有将绝大部分杂灌清除,才能改善竹林的生长发育环境,使更多的健壮母竹出土,替代原有的保留母竹,使母竹获得持续更新。乔木和高大灌木可用采伐工具(包括刀、斧、油锯、电锯等)进行采伐,并将有使用价值的木材和无利用价值的木材分开,采伐剩余物集中堆放。所有采伐的木材和采伐剩余物都应运出林外,能作木材使用的加工成规格材,不能加工的与剩余物一起作为燃料。竹笋的初加工需要大量燃料,清除的杂灌正好可以加以利用。

传统上,草本植物和藤本植物、小灌木一般进行人工采伐或割除,称为劈山。由于纯人工劈山效率低,现在也使用机械割灌割草。为了有效阻断杂草的继续萌发,可以在笋用毛竹林内锄草。锄草时应注意将杂草的地上部分全部锄除。白茅再生力强,根风干后埋入土壤中仍能成活,是顽固型杂草,铲除极其费工,所以在锄草时要连根铲除,并运出林外。

藤本植物缠绕在植物上,严重影响竹林经营培育。缠绕在需要伐除的乔灌木上的藤本,可以在采伐乔灌木时一并清除;缠绕在需保留的乔灌木和竹株上的藤本,可以从根部砍断,让其自然死亡。

除草的时间过早,杂草还没有充分长大,除去的草在制作有机肥时生物量很低,除草后还能继续萌发;除草的时间过晚,杂草已经结实,种子洒落在地面上,来年会继续萌发并形成新的杂草群。如果一年除草1次,那么除草时间一般在7~8月效果最好,因为此时气温很高,湿度很大,杂草容易腐烂堆肥。若一年除草2次,则第一次在5~6月、第二次在8~9月为宜。除掉的杂草可以集中在林外或林中空地上堆放,用来沤制有机肥;也可平铺于林内,阻止草本植物或乔灌木继续萌发,杂草腐烂后还可增加土壤肥力。

（二）林内的杂灌清除要持续

杂灌清除后,第二年还会继续萌发,特别是没有开展垦复作业的笋用毛竹林地,因为郁闭度比一般毛竹林小,杂灌萌发的速度更快,长势更好,所以要继续清除林内的杂灌。第一年清除的大乔木、小乔木、灌木等,若树蔸大,萌芽能力强,则可以堆土盖住树蔸,防止萌芽;树蔸很小的灌木,可以直接挖除;萌芽能力不强的,可以连续清理几年使其逐渐死亡。由于竹林内没有杂灌阻挡,自第二年起,竹林内的杂草和乔灌木萌芽条的清理难度要小很多,随着挖笋、垦复、施肥等经营活动的开展,杂灌的根系一次次被破坏,杂灌的长势会越来越差,覆盖率会越来越小,但笋用毛竹林的郁闭度相对较小,杂灌的滋生不会完全停止,所以杂灌的清除,特别是杂草的清除,每年都得开展。

（三）同时伐除倒伏竹

毛竹入土较浅,没有发达的直根系,容易倒伏,特别是在雨雪冰冻灾害后,经常会出现毛竹倒伏现象。倒伏毛竹横亘在笋用毛竹林内,严重影响杂灌的清除作业。因此,在清理杂灌的同时,要将倒伏毛竹伐除,并运至林外。

（四）保留适当数量的阔叶树

林内的杂灌大多要砍除,但也要保留一部分阔叶乔木,使选定的笋用毛竹林地仍然保持竹阔混交结构。保留的阔叶乔木主要起到改善竹林结构的作用。当遭遇雨雪冰冻灾害时,保留的乔木能对周边的毛竹起到支撑作用,使其不会完全倒伏。适当保留阔叶树,也为竹类虫害的天敌的繁衍和栖息提供了场所。以捕食竹类病虫害的鸟类为例,众所周知,鸟类是不能在毛竹枝丫上筑巢的,但能在乔木的枝丫上筑巢,保留部分阔叶树,就能留住一些益鸟;又如,专食黄脊竹蝗卵的红头豆芫菁,喜食泡桐叶、大青叶等,可以在林内适当保留或栽植这类乔灌木。

根据福建省竹类专家林振清的经验,林内的阔叶乔木每亩保留5～10株为宜(见图4.13),保留的树种要尽量满足以下几个条件:

图4.13　保留的阔叶乔木

(1)保留的阔叶乔木冠幅不能过大,如果冠幅过大,覆盖的面积过大,那么会对毛竹的生长发育产生很大的影响,从而影响笋用毛竹林的产量。

(2)保留的乔木高度要适宜,其高度以略微超过毛竹的高度为宜。如果高度过高,则对下层毛竹的荫蔽作用增大,影响毛竹笋产量;如果高度低于毛竹,则阔叶乔木会生长不良,极有可能会趋向死亡;如果高度过低,为适宜于林下生长的阔叶乔木,则起不到支撑作用。目前,科研人员正在开展笋用毛竹林支撑木选择方面的研究,力求做到既能起到支撑作用,高度又不会过高,冠幅也不会过大,并且能在毛竹林中很好地存活。

(3)保留的乔木必须是健壮阔叶乔木。笋用毛竹林内的乔木,其种类各不相同,有的生命周期短,有的生命周期长,为保持竹林内保留的阔叶乔木的稳定,要尽量选留生命周期长的壮龄阔叶乔木。竹林中的阔叶乔木,有的遭受了病虫害或自然灾害,枝叶和秆茎出现了较为严重的伤害,这类阔叶乔木尽量不予保留,尤其是病虫害木,一般要砍除,以避免病虫害蔓延。

(4)雨雪冰冻灾害不常发生的笋用毛竹林,可以适当保留部分低矮的林下阔叶植物,如朱砂根、大青、栀子等耐阴植物,使竹林混交结构比例更趋于合理,高大阔叶乔木可适当减少保留株数,每亩保留3~5株,以保证鸟类的栖息和繁衍。

(5)有病虫害发生的笋用毛竹林,要适当保留或栽植可吸引天敌的树种,防止竹类病虫害暴发。如有黄脊竹蝗发生的笋用毛竹林,可以在林缘和林中空地上保留或栽植一些泡桐树,以供鸟类栖息,它的鲜叶也可供红头豆芫菁食用;林下适当保留一些大青,其鲜叶也可吸引红头豆芫菁前来觅食。红头豆芫菁喜食黄脊竹蝗的卵块,是黄脊竹蝗最大的天敌,但大青等植物繁殖能力很强,在其小苗萌发时要对其进行数量控制,避免大量萌发。

(五)进入成熟期后可保留或种植一些有益杂草

第一年开展笋用毛竹林建设时,竹林内各类杂草众多,成混生状态,有益杂草由于根系浅,往往竞争不过恶性杂草,竹林内的杂草以恶性杂草以及其他危害较大的杂草为主,此时应将所有杂草全部清除。连续清除数年,加上挖笋、垦复、施肥等经营活动,杂草会越来越少,直至笋用毛竹林进入高产稳产成熟期。当土壤团粒结构较多,杂草的覆盖率低于20%时,可能会萌生一些在旱地危害性较小的杂草,如球序卷耳、牛繁缕、三叶草等,这类杂草可以在笋用毛竹林内作为有益杂草培养。也可人工播种这类有益杂草,让其占领地表,成为优势杂草,遏制其他杂草的生存空间(见图4.14)。有益杂草可改变林内小气候(见图4.15),在高温干旱时能起到减少蒸发的作用;在降水时能减少地表径流对地表的冲刷,减少养分流失。

图4.14　改造前后对比

图4.15　长有良性杂草的笋用毛竹林

四、笋用毛竹林地杂灌清除注意事项

（一）采伐乔木要办理林木采伐许可证

《中华人民共和国森林法》规定，采伐胸径5厘米以上的乔木，必须办理林木采伐许可证。在采伐笋用毛竹林内的乔木时，必须提前到林业部门办理林木采伐许可证，做到依法采伐，切不可无证采伐。否则，有关部门将进行处罚，情节严重时还会追究刑事责任。

（二）千万不能采伐、毁坏国家重点保护植物

要提前查阅国家有关法律文件，了解哪些植物属于保护植物。在清除杂灌前，一定要开展林内踏查，摸清林内植物的基本情况，发现保护植物，要做好标记，并及时报告林业部门。发现不认识的植物，要拍好照片，及时向林业部门查询是否为保护植物。否则，在清除杂灌的过程中，极易采伐或毁坏国家重点保护野生植物，包括木本和草本保护植物，情节严重时，会构成非法采伐、毁坏国家重点保护野生植物罪。《中华人民共和国刑法》第三百四十四条第一款规定，非法采伐、毁坏国家重点保护植物罪，是指违反《中华人民共和国森林法》的规定，非法采伐、毁坏国家重点保护植物的行为。

1992年10月，原国家林业部发布了《关于保护珍贵树种的通知》并重新修订了《国家珍贵树种名录》，将珍贵树种分为两个级别，一级37种、二级95种。凡载入《国家珍贵树种名录》和《野生植物保护条例》附件《国家重点保护的野生植物名录》的植物皆为国家重点保护植物。

毛竹林内较多见的保护植物有桫椤、香樟、银杏、金钱松、南方红豆杉、润楠、闽楠、楠木等。清除杂灌作业前，相关工作人员要认真学习关于植物保护方面的知识，识别保护植物，特别是本地区可能出现的保护植物，做到不破坏任意一株保护植物。

（三）千万不能使用除草剂清除杂灌

采用人工劈山方式除草，第一次劈山时，一个工日最多劈山0.5亩，因为林内乔灌木、草本植物和藤本植物交织在一起，所以

人工作业很难施展。即使采用割灌机械作业，一个工日也只能劈山2亩左右。第一次劈山不可使用除草剂。自第二年起，劈山难度降低，一个工日可以劈山3亩左右，若采用割灌机械作业，则一个工日能劈山5～8亩。采用除草剂除草，1个工日能为20亩毛竹林除草，并且只要使用1次，就可以保证3～4年都不用再次除草，所以有些笋用毛竹林经营者喜欢使用除草剂来除草。

除草剂有一定毒性，特别是草甘膦，毒性残留时间长，会污染土壤，影响毛竹笋质量，得不偿失。严重时甚至会影响整个竹笋企业，乃至当地的信誉和形象。使用除草剂后，笋用毛竹林将没有地被植物，土壤蓄水能力减弱，水土流失严重，土壤会逐步退化。杂灌无法萌发的笋用林，毛竹的生长自然也不会好。当前，全球消费者都在追求食品的绿色无污染，毛竹笋是从土中长出的一种蔬菜，一定不能使用除草剂。

（四）木本植物的伐蔸要尽量放低并保持平整

伐蔸挤占了笋用毛竹的生长空间，一般在进行毛竹林垦复时会将它们挖除。但有些体积很大、根系很深，有发达直根系的树蔸采挖十分困难，只能保留，让其自然腐烂。树蔸的自然腐烂是一个长期过程，一般完全腐烂需要10年以上。若树蔸继续萌芽，则更加难以腐烂。树蔸的快速腐烂问题是笋用林经营者面对的一道难题，目前尚未找到有效的解决办法。为了加速树蔸腐烂，阻止树蔸萌芽，采伐树木时要尽量降低伐蔸的高度，并使伐蔸保持断面平整，然后铲土覆盖，加速树蔸腐烂。

（五）清理杂灌时要做好安全防护措施

清理杂灌是一项劳动强度很大的生产经营活动，需要使用刀斧或动力工具进行作业，很容易造成误伤，伤到自己或者他人；笋用毛竹林内荆棘丛生，采伐杂灌时很容易扎伤作业人员；林内道路泥泞湿滑，很多地方甚至连道路都没有，人行走时容易滑倒或被藤蔓树枝绊倒，加上采伐剩余物散落林间，更容易引发滑倒或踏空；林间不时有毒蛇出没，清除杂灌又是在热天进行，正是毒蛇活跃的时期，而作业人员衣着较少，皮肤裸露在外，容易被毒蛇咬伤;采伐树木倒伏时容易伤到作业人员或者途经的路人。

因此,清理杂灌时一定要做好安全防护措施,制定劳动纪律,定期开展安全教育,强调注意事项。配备必要的劳动保护用品,作业时要戴好手套,防止被扎伤;佩戴安全帽,防止砸伤头部;穿防砸鞋,防止砸伤脚部;有条件的可配备防割裤,以免被刀具或电动刀具误伤。作业时要配备专职或兼职安全员,执行劳动纪律,维护劳动秩序,搞好周边观察,避免无关人员进入作业场所,以免造成误伤。

第四节　竹林结构调整

从广义上说,挖笋、留竹、伐竹、挖除竹鞭等都是在进行竹林结构调整。本节中的竹林结构调整,是指选定笋用毛竹林地块后开展的第一次地上部分的毛竹竹株结构调整。清除杂灌后,根据笋用毛竹林中毛竹和保存的高大阔叶乔木的生长与分布状况,伐除部分老弱病残毛竹和小径毛竹,使笋用毛竹林地上部分的结构更加合理,从而促进地下鞭根系统更加优化,使整个竹林鞭竹系统的结构更加合理。

一、集约经营笋用毛竹林的合理结构

(一)林分组成

林分组成是指毛竹与其他树种在林中的占比。毛竹林林分组成有单纯由毛竹组成的毛竹纯林和毛竹与其他乔灌木树种组成的混交林。在20世纪80年代我国竹产业大规模发展之前,全国绝大多数毛竹林为天然状态,毛竹林中各类树种都广泛存在,毛竹林分组成一般以竹阔混交为主,小部分毛竹侵入人工针叶林成为竹木混交林。随着我国竹产业的持续发展,毛竹售价越来越高。毛竹林中的乔灌木,尤其是阔叶树木被采伐,只有毛竹被保留下来,使许多竹阔混交结构的毛竹林一步步演化为毛竹纯林。浙江省的安吉,安徽省的广德,福建省的建瓯、永安,湖南省的桃

江,因为竹产业发展较好,竹产业规模大,对竹材的需求量大,所以毛竹纯林在这些地区的面积较大。

毛竹纯林的大量出现,破坏了原生的竹阔(木)混交林既有的复杂森林生态系统。毛竹纯林森林生态系统较为简单,虽然短时间内提高了毛竹林产量,但导致森林涵养水源、保持地力不衰退和维持自身生态系统健康的能力不断下降,导致水源枯竭、土壤肥力下降、病虫害越来越严重。在确保毛竹林产出基本稳定的前提下,在毛竹林中保留或植入适量的阔叶树种,逐渐成为竹产业界的共识。据研究,在不开展集约经营的情况下,乔木树种的正午树冠投影面积达到整片毛竹林的20%~30%的竹阔混交林,和同等条件下的毛竹纯林相比,混交竹林中毛竹的平均胸径、平均株高、竹材总蓄积量均有大幅度提高。但是在集约化经营条件下,由于没有其他树种占据生存空间,毛竹纯林比混交林的产量高很多,这也成了毛竹纯林大幅增加的主要原因。毛竹纯林便于开展集约化经营管理,在长期集约化经营条件下,毛竹林中开展病虫害预防和病虫害防治的条件更好。如果防治病虫害的技术掌握到位,那么在毛竹纯林中成功实现对竹类病虫害的有效控制是不成问题的,但要保持地力长期不衰退,毛竹纯林经营就做不到了。且许多地区毛竹纯林集约化经营的比例很小,当病虫害从其他纯林扩散后,会导致集约化经营的毛竹纯林防不胜防,产量、效益一落千丈。例如,湖南省益阳市桃江县的竹加工产业较为发达,毛竹材售价高,竹农大量采伐毛竹林中的阔叶杂木,毛竹纯林大面积出现,导致黄脊竹蝗长期肆虐,天气干旱时溪水断流,毛竹林质量和产量下降,其主要原因就是毛竹林纯林规模和比例不断扩大。近年来桃江县大力发展竹笋产业,笋用毛竹林规模不断扩大,桃江县积极指导竹农在笋用毛竹林中留养和培植阔叶乔木,新建的笋用毛竹林均保留了每亩5~10株阔叶乔木,效果很好。

为了实现笋用毛竹林的长期高产高效,应按照毛竹林立地条件的不同,调整林分组成。在立地条件好的地段,如缓坡的中下部、避风向阳的山坳等部位,若土壤深厚、肥沃、湿润,附近病虫害较少,则可适当减少阔叶乔木的留养数量,加强毛竹林结构调整和毛竹林的水肥管理,增施有机肥提高地力,做好毛竹林病虫害预测预报,有针对性地制定防治措施;山坡中上部的地段可适当减少经营技术措施,降低经营强度,适当增加阔叶乔木的留养数量,这样虽然毛竹林的产出有所减少,但能使毛竹林发挥出最大的综合效益。

（二）立竹大小

立竹大小是指竹秆秆茎的大小,具体到衡量立竹大小的指标选择上,一般采用胸径和围径这两个指标中的一个来表述某一株毛竹的大小,因为毛竹竹秆的秆茎基本呈圆筒形,其截面大致呈圆形,所以无论是采用胸径指标还是围径指标,其实质都是相同的。一般来说,胸径大的毛竹围径也大。同一片竹林,胸径和围径大的毛竹,其高度较高,冠幅较大,当然这是相对整体而言的,具体到某一株毛竹,并不一定完全符合这一规律。

毛竹的胸径和围径都是各不相同的,胸径和围径的测定有着统一的技术标准,一般选择毛竹上坡位进行测量,测量高度为1.3米,测量胸径采用胸径尺,围径也可以用胸径尺测量。当1.3米的高度正好位于竹节时,因竹节凸起,故要避开竹节测量,可在竹节处上移3~5厘米测量,这样测得的数据就是毛竹的胸径或围径。

一般来说,胸径越大的毛竹,其高度越高、冠幅越大、叶片越多,进行光合作用制造有机养分的能力越强,但林农在长期经营的过程中发现,胸径过大的毛竹,其所连的竹鞭的发笋量较低,虽然发大笋的可能性较高,但发笋量降低后,其综合效益反而不如胸径适中的毛竹。

笋用毛竹林经营过程中,在开展竹林结构调整和留笋养竹、采伐毛竹时,要采伐过小的毛竹和过大的毛竹,挖除粗度过大的春笋,使其不能发育成新竹。保留粗度适中的毛竹作为母竹,留笋养竹时,留养粗度适中的健壮春笋成为母竹。根据林农长期经营笋用毛竹林的经验,胸径在9~11厘米的毛竹发笋量较高,长出的笋粗度适中,综合效益最高。因此,在开展竹林结构调整时,应尽量保留胸径9~11厘米的毛竹。

(三)立竹密度

当年留笋成竹后,尚未采伐部分原有母竹以调整竹林立竹结构,此时单位面积内的活立竹的株数称作立竹密度(留竹后)。当年留笋成竹后,适时采伐了部分原有母竹,调整了竹林立竹结构,此时单位面积内的活立竹的株数称作经营密度。笋用毛竹林要获得丰产,必须具备合理的立竹密度。笋用毛竹林在一年内的立竹密度会发生变化,春季出笋前经过一轮调整,此时立竹密度较小,为经营密度;留笋养竹成竹后,立竹密度增加,此时的密度为立竹密度(留竹后);当年或次年初采伐部分原有母竹后立竹株数会相应减少,立竹密度会降低,此时的密度为经营密度。笋用毛竹林合理的立竹密度和经营密度与毛竹林的叶面积指数、平均胸径、平均高、计划来年留养新竹的株数密切相关。

单位面积毛竹林地上的所有毛竹叶片面积的总和与土地面积间的比值称作毛竹林的叶面积指数。根据叶面积指数的定义可知,叶面积指数大,毛竹林的叶片数量多,单位面积的毛竹林光合作用的能力强,毛竹林制造有机物质的能力强,毛竹林产出大;反之,若叶面积指数小,则单位面积毛竹林的光合作用的能力弱,毛竹林制造有机物质的能力弱,毛竹林产出小。由光合作用的原理可知,随着叶面积指数的增大,毛竹通过光合作用制造有机物质的能力相应增加,但当叶面积指数增加到一定阈值的时候,光合作用制造有机物质的能力会不增反降。叶面积指数随着毛竹林的叶片增加而增大,当叶片增加到某一程度时,叶片太多,就会相互重叠,上层的叶片能够正常进行光合作用,为鞭竹系统提供养分,而下层的叶片得不到足够的光照,光合作用无法正常开展。这些叶片为维持生命活动必须消耗养分进行呼吸作用,就会消耗掉其他叶片提供给鞭竹系统的养分,使毛竹林积累有机物质的能力大大降低。叶面积指数的大小与立竹高度、立竹密度、立竹胸径、立竹均匀度、立竹冠幅相关。我国国土面积广袤,各毛竹适生区立地条件和气候条件不尽相同,各地胸径大小相同的毛竹,其高度和冠幅也不尽相同,从而导致全国各地相同大小的毛竹的叶面积指数并不完全相同。一般来说,立竹密度越大,叶面积指数越大;立竹胸径越大,立竹高度和冠幅越大,叶面积指数越大;立竹均匀度越大,叶面积指数越大;立竹整齐度越大,叶面积指数越大。但是,影响叶面积指数的主要因素是立竹密度。表4.1给出的是立竹整齐度和立竹均匀度正常情况下的毛竹立竹密度、平均胸径与叶面积指数之间的数据关系。

表4.1　毛竹叶面积指数和立竹密度、平均胸径之间的关系

叶面积指数		立竹密度（株/亩）					
		100	150	200	250	300	350
毛竹平均胸径（厘米）	7	2.52	3.78	5.04	6.30	7.56	8.82
	8	2.94	4.41	5.88	7.34	8.81	10.28
	9	3.36	5.04	6.73	8.41	10.09	11.77
	10	3.80	5.69	7.59	9.49	11.39	13.28
	11	4.23	6.35	8.47	10.59	12.70	14.82
	12	4.68	7.02	9.36	13.40	13.70	16.38

综合各地研究情况认为,一般情况下,叶面积指数在7左右的竹林竹材产量最高。竹子专家林振清推荐的丰产材用毛竹林的合理立竹密度(留竹后)为每亩240～300株,笋材两用林合理立竹密度(留竹后)为每亩180～230株,笋用毛竹林的合理立竹密度(留竹后)为每亩160～180株。如果立地条件好、土层厚、土壤疏松肥力高、立竹胸径大,那么留养株数可取下限值。反之,如果土壤立地条件差、土层薄、土壤板结,那么留养株数要取上限值或适当超出上限值。如果毛竹林采取了控梢措施,那么立竹密度还要适当增加。

当然,这个密度是指留养新竹后的立竹密度。例如,如果年底毛竹林实施了采伐,那么立竹密度会相应降低。一般笋用毛竹

林采伐后的合理立竹密度(经营密度)为每亩120～150株,若土壤深厚肥沃,则一般立竹胸径较大,立竹密度(经营密度)可降低到每亩100～110株。坡度较大的地段,立竹密度可适当增加。

（四）年龄结构

毛竹经营对毛竹的年龄界定称作度。毛竹从成竹到次年换叶完毕为1度,以后每隔两年换1次叶算增加1度。除了新生竹1年算1度以外,其他年份的毛竹都是2年算1度。如1年生毛竹为1度竹,2～3年生毛竹为2度竹,4～5年生毛竹为3度竹,依此类推。培育集约经营笋用毛竹林,应调整竹龄结构,使之趋于合理,以提高毛竹林产出。

毛竹的度数不同,其对鞭竹系统提供养分的能力不同。当年7月长叶成竹后,1度竹的根系已经基本发育完全,此时的1度竹无论是竹叶合成养分的能力还是根系吸收养分的能力均已大大增强,但与2度竹和3度竹相比仍有一定差距。1度竹吸收和合成的养分,不仅要供自身生命活动所需,还要进一步增加自身的干物质含量,几乎没有剩余的养分转移到鞭竹系统,加上1度竹年底至次年初需要换叶,又要消耗大量养分,所以1度竹所连的竹鞭基本不具备发笋能力。2度竹已经换叶一轮,新叶长成,合成养分的能力很强,鞭根系已基本发育完成,吸收养分的功能也很强大,但秆茎的干物质含量还没有达到高峰,还需通过自身生长发育来进行补充,其光合作用合成的有机物质虽然要支持自身的呼吸作用,消耗较大,但仍有剩余部分可提供给鞭竹系统,所以2度竹所连的竹鞭是具备发笋能力的。3度竹生理活动最强,根系吸收养分的能力和竹叶合成有机物质的能力已达峰值,竹秆干物质含量已经达到最大,光合作用产生的有机物质基本上只需供给自身的呼吸作用,剩余的量很多,供给竹鞭生长和孕笋的能力达到顶点,其所连竹鞭的孕笋能力是最强的。4～5度竹逐渐老化,合成有机物质的能力逐渐下降,尤其是所连的竹鞭开始老化,吸收养分的能力减弱,供给竹鞭生长和孕笋的能力逐渐减弱,4～5度竹所连的竹鞭仍然具备一定的孕笋能力,4度竹的孕笋能力强于5度竹。6度竹已基本丧失供给竹鞭生长和孕笋的能力，其自身消耗已经超过了光合作用产生的有机物质的供给量，必须借助竹鞭消耗整个鞭竹系统的养分。

笋用毛竹林合理的年龄结构，花年竹林和大小年竹林不同。花年笋用毛竹林经调整后合理的年龄结构为1度竹占1/6、2度竹占1/3、3度竹占1/3、4度竹占1/6；其中，4度以上的毛竹在调整时伐除，4度竹部分伐除。大小年调整到位的笋用毛竹林在竹林结构调整后，其合理的年龄结构为1度竹、2度竹、3度竹各占1/4，4～5度竹共占1/4。其中，4～5度竹中以4度竹为主，5度竹适当保留，4～5度竹在笋用毛竹林中主要起补充作用，用于填补"空窗"，填补采伐病残毛竹后留下的空缺，以保持笋用毛竹林合理的立竹密度和均匀度，6度竹应全部砍除。

（五）整齐度

笋用毛竹林的整齐度是指立竹胸径大小和株高、冠幅的整齐程度。因为同一片笋用毛竹林内，一般胸径大的毛竹高度大、冠幅也大，所以整齐度也可以视为衡量竹株胸径大小差异程度的指标。笋用毛竹林的经营要求调整合理的整齐度。

整齐度的数值是通过一定的步骤得到的，先通过标准地每木调查，求出单位面积笋用毛竹林立竹的平均胸径，再算出单株毛竹胸径与平均胸径的标准差，平均胸径与标准差的比值就是毛竹林的整齐度。南京林业大学研究认为，整齐度小于5的为不整齐竹林，大于5小于7的为一般整齐竹林，大于7的为整齐竹林。集约经营笋用毛竹林要求毛竹林的整齐度等于或大于7。

毛竹林的整齐度越大，说明立竹之间胸径、高度、冠幅的差异越小，每株立竹受光照的程度一致，利用光能的效率越高。反之，若毛竹林的整齐度越小，则说明立竹之间胸径、高度、冠幅的差异越大，每株立竹受光照的程度越不一致，有效叶面积指数越小，无效叶面积指数越大，利用光能的整体效率越低，合成养分的能力大大降低。只有大力提高集约经营笋用毛竹林的整齐度，竹笋产量才会得到整体大幅提高。

　　调整合理的整齐度是促进集约经营笋用毛竹林增产增收的一项十分关键的工作,要有步骤地选留平均胸径适中的较大竹、壮竹,留养平均胸径适中的较大笋、壮笋,及时砍除超大竹、小竹、弱竹,挖除超大笋、小笋、弱笋。这样,经过3～5年的砍竹和留笋养竹后,立竹整齐度就会逐步达到集约经营笋用毛竹林的要求。

　　（六）均匀度

　　均匀度是指笋用毛竹林中立竹均匀分布的程度。调整合理的均匀度是促进集约经营笋用毛竹林增产增收的重要措施。笋用毛竹林不但要求立竹整齐度高,而且要求均匀度高,即分布要均匀。即使笋用毛竹林的立竹密度、立竹整齐度都很合理,如果立竹分布不均匀,那么也会使部分立竹拥挤排列,无效叶面积指数增加,部分竹叶不能正常进行光合作用以合成有机物质,无效的叶面积指数还会增加养分的消耗。有的地段立竹分布很少,甚至出现林中"空窗",这就造成部分林地得不到有效利用,降低了毛竹林地的利用率。因此,均匀度小的笋用毛竹林的产能将大大降低,而均匀度大的笋用毛竹林由于立竹竹株受光照程度均匀统一,光能利用率高,其竹笋和竹材产量将大大提高。

　　均匀度的计算方法与整齐度的计算方法相同,先设立多个标准地,通过标准地每木调查,先求出单位面积笋用毛竹林立竹的平均株数,再算出每个标准地毛竹株数与平均株数的标准差,平均株数与标准差的比值就是毛竹林的均匀度。相关研究表明,均匀度小于1的为不均匀竹林,大于1小于3的为一般均匀竹林,大于3的为均匀竹林。集约经营笋用毛竹林对均匀度的要求很高,一般要达到3以上。

　　培育集约经营笋用毛竹林必须调整合理的均匀度。在选定集约经营笋用毛竹林地的当年进行竹林结构调整时,必须通盘考虑毛竹林的立竹密度、整齐度和均匀度,坚持"四砍四留"原则,但对于特别稀疏的地段,健康的老龄竹也要暂时留养,使竹林结构调整完毕后,毛竹林立竹密度(经营密度)合理,整齐度较高,立竹分布均匀。在留笋养竹时,要根据毛竹林母竹的分布均匀度,合

理留养母竹。在母竹分布较少、较稀的地段,要多留母竹;在母竹
分布较密的地段,要适当减少母竹的留养数量,甚至不留。在松
土施肥时,要特别留意毛竹林立竹的均匀度,在毛竹竹株稀疏地
段或林中"空窗"处采取松土、施肥措施,充分利用竹鞭趋松、趋肥
的特性,引导竹鞭延伸到竹株稀疏地段或林中"空窗"处并发笋成
竹,使笋用毛竹林的均匀度逐步提高。一般来说,集约经营笋用
毛竹林经过3年左右的调整,就能逐步达到合理的均匀度。

二、开展笋用毛竹林结构调整

笋用毛竹林经营的第一年必须进行一次竹林结构调整,调整
毛竹林的立竹密度、年龄结构、整齐度和均匀度,尽量使笋用毛竹
林达到立竹密度合理、年龄结构合理、整齐度和均匀度合理,使毛
竹林光能利用率达到最大,合成的有机物质最多,从而使笋用毛
竹林朝着高产稳产的方向迈进。当然,达成这一目标仅靠一次竹
林结构调整是远远不够的,还需要通过后期的竹林深翻来调整毛
竹林的地下结构,通过挖笋留笋养竹、毛竹材的合理采伐等调整
毛竹林的地上结构,使毛竹林的地上、地下结构进一步完善。一
般经过5年左右的竹林结构调整、竹林深翻垦复、合理留笋养竹、
合理采伐,笋用毛竹林的结构优化基本完成,竹笋产量能够达到
一个较高水平。通过持续不断地调整毛竹林地上、地下结构,结
合竹林施肥、灌溉等措施,就能长期维持笋用毛竹林的结构优化,
长期维持高产稳产状态。

(一)竹林结构调整的时间

笋用林的竹林结构调整一般在清除杂灌之后、竹林深翻垦复
之前进行。竹林结构调整的主要措施是采伐部分毛竹,采伐必须
在清除杂灌之后进行,因为杂灌的存在会严重影响毛竹的采伐进
度,降低劳动功效。采伐后的竹蔸特别多,必须在进行竹林深翻
垦复时一并清除,所以竹林结构调整必须在竹林深翻垦复之前进
行。当然竹林结构调整也可在毛竹林清除杂灌时一并开展。

竹林结构调整需要采伐一部分竹材。按照竹林经营的一般
思维,竹材采伐一般适合在冬季进行,但竹林结构调整不同于竹

材采伐,竹林结构调整采伐的是老弱病残竹,尽早采伐可以减少毛竹林的养分损失,竹材收入也不是笋用毛竹林经营的主要获取物,而且采伐部分毛竹,消除一部分顶端优势,可以刺激更多的竹鞭鞭芽转化为笋芽。竹林结构调整一般在选定笋用毛竹林地后的当年7~8月开展,实际上清除杂灌、竹林结构调整、竹林深翻垦复都适宜在7~8月开展,一般按照"清除杂灌—竹林结构调整—竹林深翻垦复"的顺序进行。清除杂灌和竹林结构调整同时进行的,在完成后再开展竹林深翻垦复。

（二）竹林结构调整的主要内容

笋用毛竹林的结构调整主要是伐除一部分老弱病残毛竹,疏除一部分密集毛竹,保留健康的壮龄毛竹为母竹,尽力使保留的母竹年龄结构合理、密度适中、整齐度大、均匀度大。

1. 调整的原则

笋用毛竹林的结构调整要坚持"四砍四留"原则,即砍老留幼、砍弱留强、砍小留大、砍密留稀。笋用毛竹林的调整顺序与传统的调整顺序有所不同,实际操作中,将传统"四砍四留"中的"砍小留大"放到最前面,这是从经营材用毛竹林的角度出发的。而笋用毛竹林的经营,竹材的利用不是主要的经营目的,获取竹笋才是经营目的。健康的壮龄小毛竹也能为鞭竹系统提供养分,它所连的毛竹鞭上长出的笋一般较小,我们可以挖取,不使它成为母竹即可,所以小径竹的伐除不是首要目标。

2. 调整的顺序

笋用毛竹林的结构调整顺序为:

首先,应该伐除的是病竹,即遭受致病微生物侵害的带病竹株,如患毛竹丛枝病的竹株,感染了竹瘤座菌并成为新的传染源,必须及时清除;又如毛竹煤污病,它是由煤炱目和小煤炱目的多种真菌引起的,常在春秋两季发病,煤污病病菌以菌丝体、分生孢子、子囊孢子在病部及病落叶上越冬,次年孢子随风雨、昆虫等传播,所以患煤污病的竹株也必须及时清除。病竹都有较为明显的受害特征,作为笋用毛竹林经营者,特别是集约经营笋用毛竹林的经营者,要熟知病竹的外部特征并能对其进行准确甄别。在进行笋用毛竹林竹林结构调整时,应首先采伐竹林中的病竹,即使采伐后竹林中会出现"空窗",也要毫不犹豫地将病竹全部伐除并运出竹林,然后在安全的地方烧毁。

其次,应该伐除的是枯死竹或濒死竹、残竹、虫害竹。枯死竹影响毛竹林内的通风和林内的卫生状况,也影响笋用毛竹林正常经营活动的开展,要及时伐除。濒死竹基本丧失了吸收养分和利用光能合成有机物质的能力,并造成一定的养分消耗,即使采伐后竹林中会出现"空窗",也要毫不犹豫地将其伐除并运出竹林。如果枯死竹和濒死竹是由致病微生物导致的,那么必须参照病竹处理方法,将其运出竹林后在安全的区域烧毁。残竹一般受雨雪冰冻灾害或人为因素影响,部分器官缺失,竹株为鞭竹系统提供养分的能力大大降低,在笋用毛竹林结构调整时,应尽可能将其采伐,若遇林中"空窗",则可暂时保留。受虫害危害的毛竹也应尽量伐除,根据我们对毛竹病虫害研究和防治的既有经验,部分毛竹虫害会利用毛竹作为繁衍场所。因此,轻微受虫害危害的毛竹可以根据虫害类别进行相应处理,若病虫害不会利用毛竹作为繁衍场所,则可以考虑适当保留,但中度以上的受害毛竹若非必要,必须伐除,因为受害毛竹次年的发笋肯定会受到很大影响,特别是发特小笋的可能性大大提高,采挖无价值,一旦发笋成竹,就会严重影响笋用毛竹林的结构。

再次,应该调整的是过密竹。笋用毛竹林中,若部分区域毛竹的立竹密度过大,则会影响光合作用的效能,造成养分的流失。应该及时采伐掉部分过小、过老的毛竹和弱势竹,保留较为均匀统一的壮龄毛竹。要特别注意的是,在有些过密区域,幼龄竹、壮龄竹、大竹密集,许多笋用毛竹林经营者舍不得砍掉,这是绝对错误的。如果某一区域毛竹密集着生,那么除按照毛竹的胸径大小保留合理密度的竹株外,其余的幼龄竹、壮龄竹和大竹,都应伐除。林中空地的边缘,因外侧没有荫蔽,故可以适当提高保留竹株的密度。

从次,应该调整的是过小竹。根据实际经营经验,毛竹的胸径过小,其所连竹鞭上萌发的竹笋距离该毛竹越近,竹笋的胸径较小的可能性越大,即小竹生小笋。一旦发笋成竹,就会严重影响笋用毛竹林的结构。

最后,应该调整的是老竹。胸径过小的毛竹的采伐次序排在老竹的前面,因为老竹的发笋能力虽然不强,但发大笋的可能性比小竹高。虽然在同等条件下伐除过小竹而保留大的老竹会影响当年冬笋和来年春笋的产量,但在笋用毛竹林经营初期,一般产出都比较小,是打基础和调结构的阶段。所谓"磨刀不误砍柴工",结构调整好了,可为将来的高产稳产打下坚实的基础,虽然在初期损失少量的产量,但从科学经营的角度来说是值得的。

在实际操作过程中,竹子的实际年龄是很难准确确定的。一般1年生毛竹和2年生毛竹(见图4.16、图4.17),有一定经验的人是可以辨识出来的。1年生新竹节上密布浅白色的粉,节间也有一层薄薄的白粉,竹秆幼嫩,呈粉白色,擦除节间的白粉,底色为嫩绿色。2年生毛竹节上仍然残留了一些白粉,但节间的白粉基本消退,竹秆呈现淡绿色。3~5年生毛竹节上残存的白粉呈现亮白色(见图4.18),其箨环上的粉变成了黑色,竹秆颜色变成了深绿色或绿中带黄斑,看起来生命力很旺盛。6年及以上毛竹逐渐老化,竹秆颜色逐渐变成灰白色、灰黑色,节上的粉全部变成黑色。每年的9月以前,1年生毛竹和2年生毛竹都可以区分出来,9月以后,1年生毛竹和2年生毛竹就难以区分了,而其他年份的毛竹,则很难准确确定它们的年龄。经营笋用毛竹林时,我们常常根据毛竹秆茎的外观,将毛竹分为幼龄竹(1~2年生)、壮龄竹(3~7年生)和老龄竹(7年生以上)。幼龄竹都可以区分,壮龄竹大部分都可以区分,但6~7年生竹容易和老龄竹相混淆,尤其是老龄竹中的8~9年生竹难以和6~7年生竹相区分。我们在进行竹林结构调整时,要优先保留可以辨识的1~5年生幼壮龄竹,适当保留6~9年生竹,9年以上老竹尽量不保留。

图4.16　1年生毛竹

图4.17　2年生毛竹

图4.18　3～5年生毛竹

3. 调整的实施方法

笋用毛竹林的结构调整并不是机械地按照上述采伐顺序进

行几轮采伐的：先采伐病竹，再采伐枯死竹、濒死竹、残竹、虫害竹，然后采伐过密竹、过小竹和老竹。前文的采伐排序只是为了说明哪些毛竹应该一根不剩的伐除，哪些可以适当保留。当需要决定哪些毛竹应该保留，哪些毛竹需要采伐时，可以根据前文的采伐顺序来进行选择。

在大面积实施竹林结构调整时，先由有经验的人员在笋用毛竹林中标出待采伐的毛竹，一般在待采伐毛竹上打"×"，用颜色较为艳丽的油漆笔或其他可以保持笔迹的笔进行标注，可用红色或黄色笔，标注的高度以方便标注人员标注为宜，但标注高度要基本统一，朝向为面向下坡方向，方便采伐人员在上山时观察。标注时，置身毛竹林中，环顾目力所及的毛竹，根据前文所述的采伐顺序依次标注待采伐毛竹，保留下来的毛竹大致在每亩120～150株。保留株数的多少要根据保留的立竹胸径来确定，平均胸径在12厘米以上的，每亩只可以保留100～110株；平均胸径在9～10厘米的，每亩可以保留140～150株。坡度越大，保留的株数越多。120株每亩折算行间距为行距2.36米、株距2.36米；150株每亩折算行间距为行距2.1米、株距2.1米。实际操作中，毛竹的着生不可能像人工林一般整齐排列，所以毛竹与毛竹之间的株距和行距不会很规范，标注时只能根据保留下来的毛竹胸径大小，随机确定株距和行距的大致大小，再根据毛竹的着生情况确定保留的毛竹和待采伐毛竹，并对待采伐毛竹进行标注。标注者标注完目力所及的范围后，再依照一定的路线开始标注下一个区域。

在标注的同时，可以开展一次号竹。此时1年生毛竹和2年生毛竹还是可以区分的，可以在打算保留下来的1年生毛竹和2年生毛竹上写上出土年份，写上出土年份的最后两个数字即可，如2020年出土的毛竹，可以写上"20"，2021年出土的，则写上"21"，为将来的竹材采伐做好铺垫。标注的位置也应朝向下坡方向，在山坡下方可以看到，标注的高度以方便标注为宜，一般为齐肩高度，也可统一设定为1.3米。为使标注长久保持，一般使用油漆笔。

标注完成后,由专业采伐人员逐一采伐标注过的待采伐毛竹。面积较小的笋用毛竹林地,特别是5亩以下的笋用毛竹林地,开展竹林结构调整时,可以不进行标注,由有丰富笋用毛竹林经营经验的人员直接开展竹林结构调整,伐除老弱病残竹和过小竹、过密竹。

竹材的采伐一般使用专用的柴刀或斧头,很少使用电动工具。毛竹竹秆中空,经常从事竹材采伐的专业人员,几刀就可以将毛竹伐倒,所以一般无需借助电动工具。

毛竹伐倒后,要及时去除顶端,顶端围径一般保留3厘米左右,并去掉竹枝。去除竹枝时,一般用柴刀刀背在竹枝与竹秆连接部位的上方用力敲打,但要掌握好用力的方向和力道,避免竹枝连皮脱落,影响竹材质量。可利用的竹材要及时运到林道边堆放,竹枝和去掉的顶端部分,以及不能利用的竹材要及时捆扎并运出林外。这些竹枝和竹材不容易腐烂,若放置在竹林中,则人踩在上面极易滑倒并造成伤害,且竹枝堆积会给竹林的经营造成很大的障碍,影响垦复、挖笋、施肥等开展。另外,放任病竹的竹叶掉落林中,容易造成病害发生。

在进行竹林结构调整时,应注意以下几点:

(1)保留大小合适的毛竹,而不应追求保留大竹。经验表明,过大的毛竹,其发笋量相对较低。一般保留胸径9～11厘米的毛竹,适当保留胸径12厘米以上的毛竹和胸径7～8厘米的毛竹。宁留过大竹,不留过小竹,胸径6厘米及以下过小毛竹不予保留。

(2)保留最下部膨大的密节竹。有经验的竹农都知道,下部膨大的密节竹,其发笋量会高于一般毛竹,至于其中的机理,目前还没有研究清楚。虽然密节竹的材质比不上节间较长的毛竹,但笋用毛竹林以获取竹笋为主,应重点考虑竹笋的产量。

(3)尽量不要出现林中空地(也称"天窗")。若机械地按照"四砍四留"原则进行竹林结构调整,则极有可能会出现林中空地。为了避免出现这一现象，在有可能出现林中空地的地方，要多留老竹，即使是5度以上的老竹，也要暂时保留。至于病竹、濒死竹和胸径5厘米以下过小竹，就算会出现林中空地，也应伐除。

（4）综合考虑竹林结构的合理性。竹林结构调整时要综合考虑立竹密度、年龄结构、立竹整齐度和均匀度，最大限度地保留立竹的有机物质合成能力，并保持后续发笋的高质量。

（5）采伐毛竹时要注意安全，特别是民间有利用林中小径让竹株自行滑下山的习惯，如果没有做好安全防护措施，那么极易造成人员受伤，甚至误伤无关人员。要设立专职或兼职安全员，防止安全事故发生。

三、笋用毛竹林结构调整的意义

笋用毛竹林的结构调整，是为了将来能够形成优良的立竹密度和年龄结构、合理的整齐度和均匀度而进行的一次全面布局，通过伐除竹林中相对劣势的竹株，保留密度合理的相对优势的竹株，为建立合理的竹林结构打下基础。从第二年开始，由于竹林内消除了部分顶端优势，竹笋萌发的数量将大大增加，此时可以根据发笋情况，在适当位置保留适当数量的胸径较为接近的健壮新生笋，使其成为母竹，替换掉竹林中的部分毛竹。这样，经过几年有计划的替换，竹林中保留的母竹基本能够达到立竹密度、年龄结构、整齐度、均匀度均较为合理的状态，从而为笋用毛竹林的高产稳产奠定坚实的基础。竹林结构调整是笋用毛竹林经营中十分重要的一环，应科学开展竹林结构调整，不要随意进行处置，以免延长合理竹林结构的形成时间。

第五节 竹林深翻垦复

深翻垦复是集约经营笋用毛竹林过程中最重要的经营技术措施。可以说，只有经过深翻垦复的笋用毛竹林才能长期保持高产稳产。深翻垦复后，由于竹鞭深度增加，竹笋在土中的生长时间更长,能够充分地生长发育,竹笋长度、粗度均能增加,单株笋重能成倍增加。没有经过深翻垦复的笋用毛竹林,只有在多年的经营过程中,在挖笋的同时不断挖除树蔸、石块等,同时通过挖笋疏松土壤,才能实现较高的毛竹笋产量,但其产量终究比不过深翻垦复后的笋用毛竹林。要想尽快实现毛竹笋的高产和稳产,深翻垦复是一项必不可少的经营技术措施,一般在清除杂灌、调整竹林结构后开展第一次深翻垦复。

土壤是毛竹笋生长发育的基础,毛竹林未垦复前,一般都存在或部分存在土壤板结,老鞭、死鞭、跳鞭较多,树蔸、竹蔸较多,土壤中大石块较多等严重影响土壤经营性能的情形。笋用毛竹林中只要有其中一种情形出现,就会严重影响高产稳产目标的实现。土壤板结和土壤富含较大石块对毛竹鞭根的发育和成长影响极大。

一、未垦复笋用毛竹林地的土壤影响因子分析

(一) 土壤板结

土壤板结是影响笋用毛竹林高产稳产的最大障碍。毛竹鞭竹系统通过地下鞭根系统吸收水分和无机盐,再通过秆茎输送到枝叶,由竹叶通过光合作用合成毛竹自身发育所需养分,最后通过输导系统输送到鞭竹系统的各个部位。毛竹鞭根系统发育的好坏关系到毛竹生命活动是否旺盛。一旦地下鞭根系统发育不良,吸收水分和无机盐等功能不能正常发挥,就将严重影响地上部分的发育,进而影响光合作用的正常进行,同时也影响毛竹的更新换代和竹笋的产量。土壤板结严重影响鞭根系统的发育和成长。板结土壤在土壤容重、土壤非毛管孔隙度和透水透气能力、土壤有益微生物数量、土壤固氮能力等土壤理化指标方面均逊于疏松土壤。

土壤容重是指一定容积的土壤(包括土粒及粒间的孔隙)烘干后的质量与烘干前体积的比值,它的大小与土壤质地、松紧度、结构和有机质含量密切相关。土壤容重是衡量土壤紧实度的主要指标,也是描述土壤理化性质的一个重要参考。一般矿物质含

量多且结构差的土壤(如砂土等),土壤容重在1.4~1.7;含有机质多且结构好的土壤,土壤容重在1.1~1.4。土壤容重可用来计算一定面积耕层土壤的质量和土壤孔隙度,也可作为土壤熟化程度的指标之一。熟化程度较高的土壤,容重较小。土壤容重大,说明土壤紧实,熟化程度较低,不利于通气、透水、扎根,并会造成酸化而出现各类有毒物质,进一步危害毛竹鞭根系统,并造成跳鞭。

土壤孔隙度与透水透气、持水能力密切相关,紧实土壤的毛管孔隙度普遍较小,透水透气能力差,毛管孔隙度小,土壤持水能力差,不利于毛竹鞭根系统生长发育和有益微生物的繁衍;疏松土壤非毛管孔隙度普遍较大,透水透气能力强,毛管孔隙度较大,土壤持水能力强,有利于毛竹鞭根系统生长发育和有益微生物的繁衍。

土壤是微生物生存的基础,土壤中的微生物种类和数量很多,微生物的种类有细菌、真菌、放线菌、藻类和原生动物等,微生物数量也很大,1克土壤中的微生物数量就有几亿到几百亿个。微生物在富含各种无机质和有机质的土壤环境中能旺盛地代谢和快速繁殖。同时,土壤微生物的存在,又对土壤理化性质的改善带来积极影响。疏松土壤中含有足够的水分和空气,土壤能够保持适宜的稳定的温度且酸碱度适中,能够促进微生物的大量繁殖,同时反过来促进土壤理化性质的改善。板结土壤不适宜微生物的大量繁殖,微生物对板结土壤的理化性质的改善作用变小。

板结土壤中的微生物,特别是固氮微生物的繁殖受限,固氮能力大大减弱,而疏松土壤中的固氮菌可将空气中的氮气转化为植物能够吸收利用的固定态氮化物。氮是植物生长中必不可少的大量元素,是合成蛋白质的重要营养成分,板结土壤的固氮能力弱,导致肥力大大低于疏松土壤。

(二)老鞭、死鞭、跳鞭较多

自然状态下的毛竹林,因缺少人工干预,其鞭根系统以自然生长状态为主。所有竹鞭,包括死鞭、老鞭、健壮鞭、幼龄鞭均围集于0～40厘米深度的土层中,特别是0～20厘米深度的土层中,更是集中了大部分的竹鞭。竹鞭和鞭根在土层内纵横交错,重叠堆积,有的竹鞭因无法伸展,露出地面成为跳鞭,影响侧芽萌发,毛竹鞭自然枯死率高。毛竹鞭根系统的无序竞争,导致萌笋能力强的壮龄鞭和生命力旺盛的幼龄鞭发育不良,无法正常发笋长竹,生产潜力无法释放。竹鞭质地坚硬,死鞭不能在短期内腐烂分解,老鞭即使抽鞭,发笋能力也弱,甚至失去发笋能力,其从老化到死亡、分解的过程十分漫长。死鞭、老鞭、弱鞭、病残鞭均严重影响健硕壮龄鞭和幼龄鞭的生长。

(三)树蔸、竹蔸较多

选定的笋用毛竹林在清除杂灌时,要采伐大量的灌木、小乔木和高大乔木,从而留下大量的树蔸。第一次调整竹林结构,要采伐很多的病残竹、老竹、弱竹、小竹,也会留下大量的竹蔸。树蔸和竹蔸大量挤占保留下来的笋用毛竹及其鞭根系统的正常生长空间,严重影响笋用毛竹林的竹笋产量,必须尽量清除。

(四)较大的石块和根系较多

选定的笋用毛竹林的土壤中可能含有大量的石块,这些石块直径大,会影响毛竹鞭根系统在土壤中的延伸生长,造成跳鞭。石块是无法贮藏水分的,石块越多,土壤的持水能力越弱,干旱时越容易缺水。另外,一些被伐除的树木的较大根系会在土壤中继续保持一定时间的活力,使树蔸维持营养再生功能,从而影响竹鞭生长并消耗土壤养分,应予清除。

(五)表土层紧实度大

除掉杂灌后的笋用毛竹林,虽然杂草的地上部分大部分被清除,但其根系仍然未被破坏,根系牢牢地抓住土壤,使表土层的紧实度增大,即使经过锄草作业,也无法完全清除杂草根系。表土层紧实度大,会对毛竹鞭根系统的生长和竹笋的萌发造成一定的障碍。特别是芒萁、白茅、五节芒等顽固性杂草,会在土壤表土层形成致密的网状根系,对毛竹鞭根系统的生长和竹笋的萌发产生更大的负面影响。

二、笋用毛竹林地的深翻垦复

笋用毛竹林的深翻垦复是一项较为简单的农事活动,体力充沛的劳动者均可胜任,但要快速实现笋用毛竹林的高产稳产,深翻垦复的时间、深翻垦复的深度、深翻垦复的方式等都应遵循一定的科学规律。

（一）深翻垦复的时间

深翻垦复的时间选择很重要。深翻垦复的目的是疏松土壤,以便为发鞭、孕笋和长竹创造良好的地下空间,并翻转地面残留的有机物,使之埋入土层内腐烂,增加土壤有机质。7～8月是一年之中最热的月份,土壤翻转后,附着在土壤中的植物根系要么被埋入土壤中,要么裸露在外被日光暴晒而死。另外,受损竹鞭容易长出岔鞭,若垦复伤到竹鞭,则竹鞭侧芽会萌发形成新的竹鞭;若伤到竹鞭的侧芽,则对鞭根系统的发育影响不大,因为毛竹林鞭根系统上的侧芽足够多。从9月初开始,笋用毛竹竹鞭上的侧芽开始分化形成笋芽,冬季当笋芽膨大到符合商用采挖标准时即为冬笋,春季出土的叫作春笋。9～10月为毛竹的孕笋期,此时深翻垦复竹林容易伤到健壮竹鞭,影响孕笋,也可能伤到已经膨大的笋芽。因此,每年的垦复时间以7～8月为宜,最迟不应超过9月上旬。进入高产稳产期后,春笋小年(冬笋大年)最好不在9月后深垦,也可当年不深垦,以免影响当年冬笋和次年春笋的产量。初次选定的笋用毛竹林,因冬笋和春笋产量都不会很大,故可以在当年进行深翻垦复,集约经营的笋用毛竹林必须在当年进行深翻垦复,如果错过了7～8月的深翻垦复黄金期,那么可以在11～12月的休眠期结合挖冬笋进行深翻垦复。

在深翻垦复具体时间的选择上,应随时关注天气预报,只有在连续晴天时才能进行深翻垦复,否则会引起严重的水土流失,导致土壤养分大量损失,造成减产。

（二）深翻垦复的深度

集约经营的笋用毛竹林,深翻垦复深度一般以20～25厘米为宜,土层深厚的地段垦复深度可达30厘米。垦复深度过浅,土壤最上层的疏松度增加。由于竹鞭具有趋松的特性,会引导竹鞭逐渐汇集于土壤上层,甚至造成部分跳鞭,不利于竹鞭生物活性的发挥和养分的吸收。垦复也不宜过深,一是用工量会大增,垦复深度与用工量正相关,但垦复相同条件下的相同面积的笋用毛竹林,垦复深度20厘米的用工量绝对远大于垦复深度10厘米的用工量的2倍;二是垦复深度过深,会增加竹笋在地下部分的深度,增加采挖难度,或者会导致部分竹笋只能被拦腰斩断,造成一定的经济损失。

(三)深翻垦复的方式

根据笋用毛竹林各地段自然地形的不同,其深翻垦复可分为三种方式:第一种为全垦,第二种为带状垦复,第三种为块状垦复。地形平缓,坡度在15°以下的地段可采取全垦方式,即将笋用毛竹林全部垦复,不留空地;坡度在15°~25°的地段可以采取带状垦复的方式,带状垦复即沿等高线垦复,从而形成一定的垦复带,每垦复一个带,间隔1~2个带宽不垦复,待未来1~2年轮流进行垦复,以减少水土流失。一般带宽和带距以1.5~3.0米为宜,每2~3年轮流垦复1次;平均坡度在25°以上的,只能选择在坡度相对较小的地段进行块状垦复,垦复深度适当减小,大部分地段不垦复。当然我们在选择集约经营笋用毛竹林地时,应尽量避免选用坡度超过25°的毛竹林地。

(四)深翻垦复的内容

1. 翻转土壤

深翻垦复一般在清除杂灌后开展。杂灌清除后,竹林内便于施工作业,方便深翻垦复的开展。深翻垦复主要是使用锄头等工具深挖土壤,将下层土壤翻到土壤上层,上层土壤和附带的断头杂草、杂草根系等埋入土壤之中,同时将挖出的大块土块敲碎或锄碎,并将未埋入土中的断头杂草、杂草根系等再次埋入土中。

2. 挖除部分竹鞭

深翻垦复时要顺带挖除笋用毛竹林中的死鞭、老鞭、病残鞭、弱鞭。竹鞭有吸收和支撑作用,也是毛竹更新繁殖和不断扩展的重要器官。鞭龄不同的毛竹鞭,其生命力和孕笋能力不同。1~2年生毛竹鞭组织尚未发育完全,多数侧芽尚未发育成熟,几乎不具备发笋能力,但抽鞭能力很强;3~6年生毛竹鞭根系发达,芽孢大多成熟肥壮,生命力旺盛,竹鞭贮藏养分多,抽鞭发笋能力强,竹鞭质量好,在有生命力的竹鞭中占比很大,是驱动毛竹林更新繁殖的主体;7年及以上毛竹鞭逐步进入衰老期,生命力下降,鞭段上的大多数侧芽已萌发,其余的侧芽因长期保持休眠状态而导致萌发能力减弱,即使抽鞭发笋,其芽苞瘦小,也会生长发育不良。因此,在健康的毛竹林地下鞭根系统中,1~6年生竹鞭数量应占大多数,并且鞭粗芽壮、鞭根发达的鞭要占大多数。集约经营笋用毛竹林要求1~6年生竹鞭的鞭段数占到总鞭段数的80%以上。衰老、瘦弱、死亡和病残的竹鞭应通过深翻垦复和不断挖笋来清除,为健壮竹鞭的生长创造宽松环境。深翻垦复时正值毛竹鞭发育的高峰期,此时清除部分竹鞭不会破坏毛竹林的鞭根系统。有生命力的毛竹竹鞭一般按鞭龄分为幼龄鞭(1~2年生)、壮龄鞭(3~6年生)和老龄鞭(7年以上)。幼壮龄鞭在竹林鞭根系统中占比极大,毛竹林中幼壮龄鞭鞭长、鞭质量均占80%以上,老龄鞭的鞭长和质量均不足20%。随着鞭龄的增长,壮龄鞭不断转化为老龄鞭,老龄鞭不断死亡,成为死鞭,死鞭的腐烂时间很长,根据土壤湿润程度的不同,一般需要3~5年。因此,毛竹林中死鞭的数量很大,老龄鞭和死鞭加起来的总数量更大。老龄鞭不仅不能为鞭竹系统累积养分,还会消耗鞭竹系统的养分,老龄鞭和死鞭同时还挤占幼龄鞭和壮龄鞭的生长发育空间,所以深翻垦复时要将老龄鞭和死鞭挖除。幼龄鞭淡黄色或鲜黄色,外表包被褐色或浅褐色鞭箨,应保留;壮龄鞭金黄色或土黄色,颜色鲜艳,鞭箨基本脱落,有的有少量残留,壮龄鞭应重点保留;若发现土黄色的竹鞭上分布有灰褐色、黑褐色、黑色斑点或整个竹鞭已变成灰褐色、黑褐色、黑色,甚至已经干枯,则为老龄鞭或死鞭。老龄鞭和死鞭应挖除,伤残鞭段、被病虫害危害的鞭段、鞭径很小的鞭段都应一并挖除,只保留健壮的幼龄鞭和壮龄鞭。掘土和挖除竹鞭时,不可避免地会伤到部分健壮的幼龄鞭和壮龄鞭,影响笋用毛竹林的地下结构,但无需担心,毛竹竹鞭分生岔鞭的能力很强,只要土壤结构调整到位,竹林结构调整到位,肥水管理到位,短时间内就可以恢复。深翻垦复后第一次挖笋,产量会很低,这是普遍现象,即使深翻垦复时伤鞭超出正常水平,影响了笋的产量,损失也不会大,毕竟正常产量的基数已很低,损失的产量会很小。

3. 挖除部分树蔸和竹蔸

采伐竹子和杂灌后,竹蔸和树蔸根系埋在土壤中,在自然条件下需要相当长的时间才会腐烂,一般竹蔸自然腐烂需要8~10年,有些树蔸自然腐烂需要10多年。没有腐烂的树蔸和竹蔸埋在土中如石块般坚硬,不仅阻碍竹鞭的生长,还占据了保留的阔叶树的生长空间,消耗土壤养分,占据大片林地,十分不利于保留的阔叶树的生长和毛竹林的更新。因此,树蔸和竹蔸原则上应该在深翻垦复时挖除,挖除时可使用斧头来斩断树根和竹鞭,使用撬棍来撬动树蔸和竹蔸。竹蔸和一些大的树蔸的清除难度是很大的,如果全部挖除,那么在经济上不一定划算。建设笋用毛竹林是一项经济活动,必须算好经济账。若某些树蔸和竹蔸的挖除难度过大,则可以不予挖除。挖除难度小的柴蔸、入土浅的树蔸和竹蔸,腐烂至一定程度的树蔸和竹蔸要挖除,难度较大时,可以使用斧头将树蔸和竹蔸的直立部分劈裂,降低挖除难度。挖除难度很大的树蔸和竹蔸,可以用斧头破坏其上部,同时施少量碳铵或尿素,然后盖土促腐。

4. 清除土中石块和树根

有些笋用毛竹林地的土壤中有许多体积较大的石块,这些石块是土壤母岩风化不充分的产物。岩石大量存在时,会阻挡植物根系的运动,降低土壤的持水能力,影响植物生长,降低毛竹笋产量,应当在深翻垦复时一并清除。多大的石块需要清除,没有统一的规定。在深翻垦复时,感觉比较大、会影响笋用毛竹生长的石块,一定要清除。一般来说,截面最大直径超过5厘米的石块,应予清除。深翻垦复时遇到树根,要将其挖除,树根过大时,可使用斧头分段挖除。遇到地下害虫卵块时,要将其挖出并及时销毁。

5. 覆盖跳鞭

笋用毛竹林未深翻垦复前,由于土壤中障碍物较多,部分竹鞭钻出土壤形成跳鞭,跳鞭出土后越过障碍物,又重新钻入土壤中。幼龄跳鞭一般包被鞭箨,壮龄跳鞭一般呈健康的青色。在深翻垦复时,若遇到鞭径较大的幼龄跳鞭和壮龄跳鞭,则应堆土覆盖;若鞭梢尚未入土,则应将跳鞭下部土壤掏空,在其下挖沟,将跳鞭压入沟内,在其上覆土,促其正常生长发育。老龄跳鞭、弱跳鞭、残跳鞭和死跳鞭要及时挖除。

三、深翻垦复的好处

深翻垦复是集约经营笋用毛竹林地迅速获得稳产高产的关键技术措施。开展深翻垦复是衡量集约经营方式的主要技术指标,不开展深翻垦复的笋用毛竹林不是集约经营笋用毛竹林。毛竹林土壤是获得竹笋稳产高产的基础,深翻垦复清除了土壤中严重阻碍健壮母竹鞭根系统生长发育的障碍物,并强力改善土壤的透水性、透气性和持水能力,大量增加土壤有机质,其腐化形成腐殖质的过程中会产生大量的有机酸,促进土壤团粒结构的形成,极大地改善土壤的理化性质,使土壤在极短时间内获得提高生产力的条件。另外,挖除地下害虫及其卵块也为母竹健康生长创造了条件。

四、深翻垦复的注意事项

深翻垦复是集约经营笋用毛竹林一项极为重要的经营技术措施,深翻垦复耗用的人工较多,其实施的质量直接关系到未来若干年毛竹笋的产量。因此,提高深翻垦复的质量和尽量减少人工是十分重要的。

(1)准备好必要的工具。深翻垦复的主要工具是锄头,要采用挖生土的窄口锄头,不能使用挖熟土的阔口锄头。锄头口的宽度和厚度适中,锋口好,锄头的长度比其他锄头长,以便与深翻垦复的深度相适应。锄头把的选择很重要,应选择优质硬木制作锄头把,如青冈、油茶、赤皮青冈、椤木石楠、小叶青冈等硬木都是很好的材料。拴牢锄头把的木栓也必须使用优质硬木,以免造成脱把,影响劳动效率,甚至酿成安全事故。深翻垦复时还要用到斧头、撬棍等工具。斧头把也要选用优质硬木,并用铁钉钉牢。撬棍要足够粗壮。

(2)深翻清理物要移出林外。竹蔸、竹鞭、树蔸、树根等生物质材料运出毛竹林后,能作为雕刻原料的,集中存放;能作为生物质燃料的,集中堆放。石块也要运出林外,堆放在合适的地方。

(3)深翻垦复时,距毛竹母竹竹蔸四周15厘米范围内不宜深挖,防止过度损伤毛竹竹根,进而导致毛竹生长发育不良和遇大风或雨雪冰冻时发生倒伏。

(4)深翻垦复时要加强管理,包括生产管理和安全管理。生产管理主要是加强现场管理,监督现场劳动人员,防止怠工和不按深翻垦复的质量要求作业,如垦复深度不达标、石块不清除、老鞭死鞭不清理干净等。为了达到管理效果,有条件的笋用毛竹林建设单位负责人可以参与劳作,并发挥示范带头作用,这样生产管理的效果会更好。安全生产主要是防止多人作业时因不保持安全距离而导致的锄头、斧头伤人事故或锄头、斧头脱把伤人事故。

五、深翻垦复的频次

深翻垦复一般在选定笋用毛竹林地块后的第一年开展,因其人工成本很高,故一般集约经营的笋用毛竹林每隔7～8年深翻垦复一次,也可5年一次。具体多少年开展一次,应根据土壤的紧实度和竹笋产量的变化来确定。如果土壤变得紧实或竹笋产量出现了持续下降趋势,那么就需要开展一次深翻垦复,疏松土壤、清除土壤中的障碍物、施用有机肥,以改善土壤条件,实现稳产高产。

在笋用毛竹林的经营过程中,挖笋、施肥、挖竹节沟等经营活动的效果也等同于深翻土壤,要加强对笋用毛竹林的经营管理,多施有机肥,改善土壤结构,争取多产笋、多挖笋,尽量以挖笋代替深翻垦复,减少深翻垦复的频次,从而节约人工成本和经营成本。

第六节　竹林的施肥

　　土壤是矿物质风化的产物,土壤中的矿物质占土壤总量的95%～98%,其余为有机质和微生物等。土壤中的氮、磷、钾等元素大多都以不能直接被植物利用的状态存在,称为全氮、全磷、全钾,土壤中能被植物直接吸收的氮、磷、钾叫作速效氮、速效磷、速效钾。全氮、全磷、全钾缓慢地转化为速效氮、速效磷、速效钾,为植物的生长提供营养元素。自然生长的毛竹林,因为人工干预少,毛竹生笋并发育成竹,毛竹枯死后慢慢腐烂,一部分无机质和有机质又回归土壤,所以未利用的毛竹林地的土壤基本能够实现各种元素的循环,加上土壤中养分的供给,自然状态下的竹林基本能实现养分的平衡。若人们不断从毛竹林地采伐竹材、采挖竹笋,则会带走大量的氮、磷、钾、硅、硫、铜、钙、锰、铁等元素,长此以往,当土壤的供给能力不足时,就会出现失肥现象,地力衰退,导致毛竹和毛竹笋生长发育不良,造成减产。

一、为什么要施肥

(一)伐竹和采笋造成营养元素的流失

　　有资料表明,产1000千克竹材需要消耗氮1480克、磷480克、钾3780克、硅1600克;产1000千克鲜笋需要消耗氮5500克、磷1300克、钾2380克、硫11360克。这些元素需要从土壤中摄取,并通过竹鞭和秆茎输送到竹子的各个部位,人们在采伐竹材或采挖竹笋时会将这些元素带走,带走的营养元素远远超过土壤的供给量,造成土壤中的这些元素不断流失。这些元素若不能及时补充,时间一长,则会造成土壤中这些元素缺失,从而影响毛竹的生长发育,造成竹材和竹笋减产,所以需要通过施肥来加以补充。

至于氢元素、氧元素和碳元素，则无需补充。通过光合作用，毛竹将根茎吸收的水分和叶片吸收的空气中的二氧化碳合成为有机质，并释放出氧气。只要土壤不缺水，空气中有足够的二氧化碳，就无需额外补充氢元素、氧元素和碳元素。当然也有例外，那就是长期无降水，土壤中的水分严重不足，造成毛竹的光合作用无法开展，这时就需要通过浇水灌溉来补充相关元素了。

（二）实现高产需要施生物菌肥

日本琉球大学的比嘉照夫教授经过长期研究，从土壤中发现并分离了大量的有益微生物，如乳酸菌、酵母菌、光合细菌、放线菌等。当土壤中的这些微生物含量较多时，可使土壤机能得到强化，土壤中有机质分解加快，同时可使硬土层分解加快，土壤肥力状况得到显著改善，土壤持续增产能力增强。这些菌种通常添加在肥料中，以强化肥料的功效，提高肥料特别是肥料中的有机质的利用率，达到增产高产的目的。经常添加的菌种有4种。

（1）胶质芽孢杆菌：其功效为提高肥效，促进磷、钾的吸收，全面补充作物营养，提高作物产量，改善作物品质，增强作物抗寒、抗旱、抗病、抗逆的能力，并能形成有益菌群，抑制土壤中的致病微生物。

（2）地衣芽孢杆菌：其功效为抑制土壤中病原菌的繁殖和对植物根部的侵袭，减少植物土传病害；预防多种害虫生长，提高种子的出芽率和保苗率；预防种子自身的遗传病害，提高作物成活率；促进根系生长，改善土壤团粒结构，改良土壤，提高土壤蓄水、蓄能能力和地温；抑制生长环境中有害菌的滋生繁殖，降低和预防各种菌类病害的发生，促使土壤中的有机质分解成腐殖质，极大地提高土壤肥效。

（3）光合菌：其功效为促进植物的光合作用，提高植物抗病性和消除自由基，促进植株生长。光合细菌含有抗病毒因子，在光照及黑暗条件下均可钝化病毒，阻止病原菌滋生，并有固氮功能，并对杀虫剂有降解作用。

（4）枯草芽孢杆菌：其代谢产物的抗生作用可以抑制病原微生物的生长，其溶菌作用可以极大地破坏病原微生物的生长；它还能诱导植物产生抗性及促进植物生长；其作用于作物或土壤时，能够在作物根际或体内定植，并产生特定肥料效应，抑制农作物对硝态氮、重金属、农药的吸收；净化和修复土壤，提高农作物产品品质和食品安全；枯草芽孢杆菌还对土壤中的菲、苯并芘等有害物质有吸附和生物降解作用。

（三）实现高产需要增施有机肥

如果长期施用化学肥料，那么会造成土壤有机质缺失，破坏土壤中有益菌的生存环境和土壤结构，并造成土壤酸化，不利于毛竹的生存和根系的营养吸收，这些都可以通过增施有机肥来解决。化学肥是速效肥，见效快、肥效期短。有机肥为长效缓释肥，有机质不但能够为农作物提供全面营养，而且肥效长，可改善土壤的理化指标，促进微生物的繁殖，提高土壤生物活性，优化农林产品品质。有机肥是笋用毛竹林有机养分的主要来源，是氮素的有机载体，可增加土壤疏松度，促进团粒结构的形成，增强保水保肥能力，激活土壤中的微生物活力和繁殖能力，促进毛竹的生长发育。

二、毛竹施肥原理解析

20世纪五六十年代，我国的农林业一直施用的是以人畜粪尿为主的农家肥和以堆肥、厩肥为主的土杂肥等传统肥料，这些肥料的施用量特别大，但肥效慢，农林作物的产量一直很低。20世纪七八十年代，各地逐渐开始施用速效化肥，其中以单一化肥为主，如碳铵、尿素、过磷酸钙、重过磷酸钙、氯化钾、硫酸钾以及硝酸钾等。这些肥料的特点是肥效快、肥效期短、营养元素单一，施用这些化肥后，农林作物的产量有了较大提高。九十年代末期，开始大量施用复合肥料，由于复合肥含有多种营养元素，营养较为均衡，农林作物的产量得到了大幅度提高，但随之而来的是土壤酸化板结，水体富营养化，农林作物品质下降。进入21世纪，有人尝试利用动植物残体生产普通有机肥，但由于肥效慢，未得到普遍推广。2003年开始,市场上出现了含微生物的生物菌肥、含微量元素的微肥、富含硅元素的硅肥。2013年,市场上又出现了富含大量元素、中量元素、微量元素和有益微生物,并搭配有机载体的毛竹全营养有机菌肥,其被大量应用于笋用毛竹林的培育、生产,效果很好。

(一)毛竹必需的营养元素

毛竹生长发育需要的元素按需求量的不同分为大量元素、中量元素和微量元素,其中大量元素为碳、氢、氧、氮、磷、钾,中量元素为钙、镁、硫,微量元素为铁、锰、硼、锌、铜、钼。大量元素中的碳、氢、氧主要通过根系吸收水分和叶片吸收二氧化碳开展光合作用等方式获取。因此,大量元素中的碳、氢、氧元素并不是施肥时需要考虑的营养成分。

毛竹生长发育需要大量的大量元素,所以应重点施用氮、磷、钾肥;中量元素施用量次之;微量元素施用量很少,但缺少时毛竹仍然会发育不良。因此,我们在施肥时,肥料中既要有大量的大量元素,也要有适量的中量元素,还要有少量的微量元素。只有这样,土壤中的养分才会均衡,毛竹的生长发育才会正常。

(二)毛竹如何摄取营养元素

毛竹生长发育摄取的营养元素,除了通过叶片吸收二氧化碳进行光合作用外,其他元素的吸收基本上都是通过毛竹的根系(竹根和鞭根)来完成的。毛竹根系在吸收营养元素时,营养元素必须是溶于水的状态,然后才能通过毛竹根系,以渗透的方式进入毛竹体内,再由毛竹的输导系统输送到各个部位。化学肥料之所以见效快、肥效期短,就是因为化学肥料均为无机盐,易溶于水,溶于水后以离子态存在,易被毛竹吸收,且吸收速度快,容易见成效。因为含营养元素的碱性离子被毛竹吸收,而不含营养元素的酸根离子仍然存在于土壤之中,所以会造成土壤酸化。

有机肥中含量最多的是碳元素。碳元素不能被毛竹吸收,但对土壤理化性质的优化作用极大。有机肥中的碳元素等被微生物分解形成腐殖质,腐殖质中的有机胶体具有适度的黏结性,能够使黏土疏松、砂土黏结,是形成团粒结构的良好胶结剂,可促进土壤团粒结构的形成。土壤团粒结构是由若干土壤单粒黏结在一起形成团聚体的一种土壤结构。因为单粒间形成小孔隙、团聚体间形成大孔隙,所以与单粒结构相比,其总孔隙度较大。小孔隙能保持水分,大孔隙可保持通气,团粒结构土壤能保障植物根系的良好生长,适于栽培农林作物。同时腐殖质中的大量碳元素还为有益微生物的生命活动提供了宝贵的能源物质。因此,有机质是土壤中不可或缺的重要组成部分。有机肥中的其他营养元素最初也是以不能被毛竹直接吸收的状态存在,但有机肥被微生物分解成腐殖质后,这些元素也被分解,并被有机胶体吸附,形成络合物。其较易溶于中性、弱酸性和弱碱性液态介质中,并随水分大量迁移,直至被毛竹根系吸收。如果长期施用化学肥,不施用富含碳元素的有机肥,那么土壤中的腐殖质会被大量消耗,且得不到及时补充,土壤结构中的团粒结构发生改变,从而使土壤板结。

虽然有机肥分解后会产生大量的有益菌,但其数量和种类具有不确定性,要强化有益菌的作用,就必须施用菌肥。

（三）单一施肥的危害

有机肥肥效慢、缓释期长,如果只施用有机肥,那么毛竹在需要大量营养的生长期时养分得不到满足,就难以实现高产。菌肥是一种辅助性肥料,若只施用菌肥,则竹林内的养分利用率会提高,但营养元素不会增加,也难以实现高产。若只施用化学肥,则容易造成土壤酸化板结,进而造成地力减退。

1. 土壤板结的危害

土壤板结时,毛竹根部吸收能力下降,导致缺素症发生。同时板结土壤孔隙度降低,贮存水分的能力下降,影响毛竹的生长发育。土壤板结影响土壤的通透性。毛竹根茎部的正常生长需要呼吸,若土壤板结,则根部难以正常呼吸,就会产生沤根现象,严重时会导致根部坏死。

2. 土壤酸化的危害

每种植物都有其适宜的土壤酸碱度范围,大多数植物适生于微酸性至微碱性土壤。土壤酸化后,会影响植物根系的生长发育,甚至停止生长。

酸性土壤中养分离子的淋溶是土壤肥力下降的重要原因之一。土壤酸化会影响肥料的有效性,施磷后仍缺磷,施钾后仍缺钾。pH为6～8时,土壤有效氮的含量最高;pH小于6.5时,土壤中的磷因变成磷酸铁铝而固结;当pH小于6.0时,土壤中有效钾、钙、镁的含量急剧减少。土壤酸化不仅影响大量元素的有效性,也影响微量元素的有效性。硼在pH4.7～6.7、钼在pH4～8时,随pH下降,有效性逐渐降低。

土壤酸化后,会使土壤中有益微生物的数量减少,抑制有益微生物的生长和活动,从而影响土壤有机质的分解和土壤中碳、氮、磷、硫的循环。同时,土壤酸化对一些喜欢在酸性土壤里活动的有害微生物种群有利,易造成病菌滋生,根际病害增加,且控制困难。

土壤酸化会促进有毒元素的释放和活化,增加镉污染。同时,土壤酸化后,土壤中的铝离子等物质会使作物根系中毒和死亡。

三、笋用毛竹林施肥技术

笋用毛竹林需要大量挖笋砍竹,会带走大量的营养元素,特别是挖笋,带走的营养元素的量很大,土壤无法长期保持大量供给,必须通过施肥来补充土壤中的营养元素。

(一)施肥种类的选择

施肥前最好进行一次土壤养分检测,测定土壤中各种营养元素的含量,为测土配方提供依据。土壤中缺什么就补充什么。若速效氮含量低,则多施氮肥,缺多少补充多少;若缺磷,则多施磷肥,缺多少补充多少;若缺钾,则多施钾肥,缺多少补充多少;若有机质含量低,则施用发酵有机肥;若缺少微量元素,则施用适量的微肥。

　　根据公开资料显示,我国各毛竹自然分布区内,毛竹林土壤的肥力各不相同。鄂南地区毛竹林土壤的有机质、全氮、速效氮、磷、钾都比较缺乏,大部分毛竹林硼、铜元素较缺乏,部分林地土壤有效钙、镁含量较低。福建省土壤大多由花岗岩风化而成,土壤中氮和速效磷的含量较低,速效钾含量较高,但局部地区的土壤养分状况却不尽相同,如建瓯市的毛竹林土壤存在富氮、低磷、稍缺钾的现象,同时土壤缺乏供应中量元素养分的能力。

　　如果没有条件进行检测,那么可以施用毛竹专用肥和微肥,并加施有机肥。毛竹专用肥一般养分搭配比较合理,但有机质缺乏。施用毛竹专用肥后再施有机肥,基本就能解决毛竹生长发育需要养分的问题。应注意的是,如果购买的毛竹专用肥是只含氮、磷、钾等大量元素的肥料,那么在施肥时还应搭配一定数量的微肥。具体的操作方法是将适量的微肥与毛竹专用肥混合拌匀后再施,微肥与毛竹专用肥的比列一般为1:10～1:20。如果毛竹专用肥中含有微量元素,那么就无需添加微肥。竹笋采收需要消耗大量的硫元素,因为施用的毛竹专用肥和有机肥均含有较多的硫元素,且毛竹从自然界中获取硫元素的途径很多,所以一般无需刻意补充硫元素。竹材生长需要消耗一定量的硅元素,硅元素不是植物生长的必要元素,但能增加竹子的硅质化水平,增加竹叶和竹壁的厚度,提高竹子的叶绿素含量,增强竹子的免疫能力。虽然土壤中硅元素含量很高,但绝大多数为无效硅,无法被植物吸收,可以适当补充一些硅肥。

　　毛竹专用肥、微肥和商品有机肥可以从市面上购买,购买时一定要仔细了解各种元素的含量,特别是毛竹专用肥中各种元素的含量。毛竹专用肥也有两类,一类只含有氮、磷、钾三种大量元素,另一类除了含有三种大量元素外,还含有适量的微量元素。如果只含有氮、磷、钾三种大量元素,那么还要施用适量的微肥。选购毛竹专用肥时还应分析氮、磷、钾三种大量元素的含量比。根据产笋需要消耗大量的氮、适量的磷和较大量钾的特点,可选取氮元素含量高、磷元素含量适量、钾元素含量适中的毛竹专用肥。

《有机肥料》标准自2021年6月1日起实施，国家正大力推广有机肥替代或部分替代化学肥。有机肥有很多种，适用于笋用毛竹林的一般有以下几种：

（1）商品有机肥。商品有机肥包括精制有机肥和生物有机肥两种。精制有机肥是农作物秸秆、畜禽粪便经过腐熟、发酵、灭菌、混拌、粉碎等工艺加工后包装出售的商品有机肥。生物有机肥是将特定功能的微生物与以动植物残体（如畜禽粪便、农作物秸秆等）为主要原料并经无害化处理、腐熟的有机物料复合而成的一类兼具微生物肥料和有机肥效应的肥料。生物有机肥里添加了大量的有益菌，施到土壤里能够起到固氮、解磷、解钾等作用。

（2）人畜粪便。它包括人粪尿、鸡粪、猪粪尿、羊粪、牛粪等，碳氮比相对较低，肥效较高。施用鸡粪和猪粪尿时，尽量不要使用来自养鸡场和养猪场的粪便，规模化养殖场产出的动物粪便的重金属含量、抗生素含量和各类激素含量可能很高。南方山区养羊一般都是散养，羊粪的氮、磷、钾的含量比较高；牛粪的氮含量较低，碳元素含量较高，肥效较低，可用于改善土壤。人畜粪便一定要充分发酵腐熟后才能施用。

（3）动植物体肥。动植物体肥是指将各种农作物秸秆、杂草、树叶、豆渣、蘑菇废料等有机生物质堆在一起，经发酵腐熟后制成的肥料。农村制作这类肥料一般以植物体为主，动物体其实也可以加入到肥料中进行沤制，但农村上规模的动物体难以获取。这类肥料的特点是碳氮比高、肥效低，但改善土壤的效果好，制作时可加入塘泥等以增强肥效。为加快沤制速度，可以加入一定量的肥料发酵剂。肥料发酵剂的主要成分是有益微生物，不会对肥料产生不良作用。

（4）土杂肥。它是用各种杂草、垃圾、肥土、草木灰等沤制的肥料。施用这种肥料时应注意，只可以施用含生物质垃圾的土杂肥,不宜施用含有其他垃圾的土杂肥,以免造成土壤污染。

目前,市场上又出现了一种涵盖了大量元素、中量元素、微量元素的新型肥料——毛竹全营养有机菌肥,它包含了有机质、无机质和有益微生物。该肥料针对笋用毛竹林对各类元素的需求进行研发,养分全面,搭配合理,并加入了大量的有益微生物,能够满足不同地区毛竹健康生长的需求,施用后增产效果十分明显,肥效期长达半年以上,且一般无需再施用其他肥料。

（二）施肥方式的选择

笋用毛竹林施肥的方式有多种,一般有蔸施、沟施、撒施、伐蔸施、竹节沟施、笋坑施等方式。

1. 蔸施

蔸施也叫定株施肥。在竹株的上坡位方向距离竹基部外缘30厘米左右的位置挖圆形的穴或半月形的沟,深度一般为15～25厘米,然后倒入肥料,其上覆土,并用脚踩实。施肥时应注意不要让肥料直接接触鞭根,以免造成"烧根"。这种施肥方式适用于施用普通化学肥、毛竹专用肥、微肥、硅肥、精制有机肥、生物有机肥、毛竹全营养有机菌肥等施用量不大或不太大,但营养元素含量较高的肥料,植物体肥、土杂肥等施用量很大的肥料则不适用这种施肥方式。另外,准备采伐的老竹、病残竹、弱竹、小竹不需施肥,以免造成浪费。

2. 沟施

在笋用毛竹林中大致沿等高线开挖若干条水平方向的沟,在沟内施肥。沟的深度一般为20～30厘米,沟的宽度视施肥的量而定。若施肥的数量多,则将沟开挖得宽一些;反之,则可以窄一些。在施用植物体肥和土杂肥时,沟的宽度要大幅度加宽(见图4.19)。施肥时在竹林内每隔一定的距离开挖若干条水平方向的平行沟,沟与沟之间的距离一般为2～3米,施肥后要覆土,并用脚踩实,以免造成水土流失和肥料流失。这种施肥方式适用于所有肥料,但施用有机肥,特别是施肥量大的有机肥时,均采用这种施肥方式。施肥量小、肥效高的肥料,为保证施肥的精准高效,一般采用蔸施方式。

图4.19　沟施有机肥

3. 撒施

撒施法一般很少使用,其优点是用工少,缺点是肥料施于地表,容易流失。在两种情况下可以采用撒施的施肥方式,一种是垦复前撒施肥料,在垦复深翻时再将肥料埋入土中,可避免肥料的流失;另一种是春笋出笋前施用氮肥催笋,可以在适宜的天气撒施肥料,以减少用工。天气的选择很重要,最好选择下着毛毛细雨的早晨,林中有雨点落下,但地表无径流,此时施肥,氮肥溶于水,慢慢渗透入土;若没有遇上下毛毛细雨的天气,则可以在有露水的早晨撒施。施尿素比施碳铵好,碳铵肥效快,但碳铵为粉末状,容易粘在地表植物的叶片上,且容易挥发,这些均可造成肥效损失。尿素是含氮量最高的肥料,肥效较慢,其晶体不易粘在地表植物的叶片上,也不易挥发。

4. 伐蔸施

伐蔸施是指在较为新鲜的竹蔸上施肥,一般施用在前一年产生的竹蔸上。具体施肥方法是,用钢钎等将竹蔸的节隔打通,但不要伤到底部,再将肥料施入竹蔸中,然后覆土以免肥料挥发,且雨水也可通过覆土缓慢下渗。因为竹蔸连着竹鞭,所以竹蔸内的肥料可以直接被竹鞭吸收利用,肥料吸收率高、肥料损失小、劳动强度小、施肥用工少,是一种经济适用的施肥方式。竹蔸施肥一般适用于施用氮肥,如碳铵、尿素等易溶于水的肥料。竹蔸施肥还有一大好处是能加速竹蔸的腐烂,为竹鞭行鞭腾挪出更大的空间。促腐以碳铵效果最好、尿素次之、毛竹专用肥效果最差。在施用碳铵、尿素时加入少量的食盐,促进竹蔸腐烂的效果会更好。竹蔸施肥的主要缺点是竹蔸分布不均匀,易导致施肥不均匀,且不适宜施用含有机质的肥料,因为有机质不易溶解。

5. 竹节沟施

可以利用即将被泥土填满的竹节沟施肥(见图4.20)。竹节沟是一种兼具防治水流冲刷和灌溉功能的设施,当其功能慢慢消退时,可以利用其施肥。施用方法是将竹节沟内的泥土挖出一部分,这些泥土养分含量丰富,可放在竹节沟旁边备用,然后施入肥料,并用从竹节沟内挖出的土覆盖,将竹节沟填平,再挖上方表土覆盖,并用脚踩实。

图4.20　竹节沟施肥

6. 笋坑施

笋坑施是指在挖笋时留下的笋坑内施肥。这种施肥法适合挖笋后首次施肥,若挖笋后过去的时间过长,则笋坑已经平复,便难以找到。这一施肥法的优点是挖坑很轻松,施肥很省力,而且肥料直接施在竹鞭根系附近,见效也快。不过施肥时应注意不能让肥料直接接触竹鞭和鞭根,以免造成烂鞭。笋坑施肥以施含无机质的肥料为主。

(三)施肥时间和施肥量

施肥时间和施肥量因经营年限的不同而不尽相同。笋用毛竹林建设第一年,竹林土壤中各种营养元素尚未大量消耗,第二年的出笋量也不会很大,经营目标也是以留笋养竹为主,所以无需施用毛竹专用肥或其他化学肥料,可以在垦复前在林内撒施一次精制有机肥,每亩用量为1000~1500千克,尽量不要施用含禽畜粪便的精制有机肥,因为工厂生产的含禽畜粪便的精制有机肥,其原材料一般来自养殖场,若有残留,则容易造成土壤污染。施用有机肥后,在深翻垦复时要将肥料翻入土壤内。也可在冬天施一次发酵的植物体肥或土杂肥作为底肥,施用后可在较长时间内起到改善土壤结构和增加肥力的作用,一般每亩施用量为3000~5000千克。

笋用毛竹林经营的第二年起,花年经营模式下每年施2~4次肥;大小年经营模式下,自然年度的小年施1~3次肥,大年不施肥或施1次肥。

按花年模式经营的笋用林,其施肥次数和施肥量会随经营年份有所变化,最开始产笋的3~4年,即第4~5个经营年度,竹笋产量不高,但其产量在稳步提高,此时每年可施2次化学肥,每隔三年施1次有机肥,或者每年施2次毛竹全营养有机菌肥,不施有机肥。化学肥和毛竹全营养有机菌肥的施肥时间一般为每年的5月和8~9月,各地的气候不同,施肥时间也略有不同,施肥方式一般采用蔸施或笋坑施,施肥量为每亩30~50千克,每蔸施0.3~0.4千克。5月施肥叫作行鞭肥,此时因大量挖笋,毛竹林养分消耗很大,故需要施肥来促进竹鞭的萌发和生长;8~9月施肥叫作孕笋肥,此时正是竹鞭鞭芽转化为笋芽和笋芽膨大的关键时期,必须有充足的营养才能确保笋芽的生长发育。有机肥每隔三年左右施1次,其施肥方式为沟施,不宜撒施,以免造成跳鞭,精制有机肥每亩施1000～1500千克,植物体肥或土杂肥每亩施4000～5000千克。当笋用毛竹林竹笋产量达到一定的量级并能长期保持这一水平时,为提高产量,每年的2月中下旬(农历正月十五以后)要施1次氮素肥,称为催笋肥,以促进竹笋大量萌发。以施用尿素为佳,每亩施20千克左右,施肥方式为撒施,但要确保天气为有细雨的早晨或有晨露的早晨。催笋肥也可蔸施或沟施,这样肥效更快,流失的可能性更小,但催笋肥施用的量较小,蔸施和沟施的劳动成本较大,实际生产时一般用撒施的方式。也可采用伐蔸施肥方式,以减少肥料养分的流失。

　　按大小年模式经营的笋用毛竹林,其施肥次数与花年笋用毛竹林略有不同。大小年竹林,一年发笋长竹,一年行鞭孕笋,所以竹林的养分累积较为充分,需要从外部补充的量相对较少。笋用毛竹林经营的第2～5年,每逢自然年度的大年不施肥,让竹株自行蓄积养分,在自然年度的小年5月施1次行鞭肥,8～9月施1次孕笋肥,为来年的出笋打下基础,每次每亩施用毛竹专用肥或毛竹全营养有机菌肥30～50千克,一般采用蔸施法。为了节约成本可以减少施肥量,不施行鞭肥,但孕笋肥一定得施。若施用的是毛竹专用肥等化学肥,则每隔五年左右还要施1次有机肥,施肥量和施肥方式与花年毛竹林相同。从第6年起,由于笋用毛竹林的竹笋产量已经进入了稳定的高产期,此时可在自然年度的大年2月中下旬施1次催笋肥以提高产量。

　　(四)施肥的注意事项

　　施肥是获取竹笋高产稳产的最后一环,合理施肥能充分挖掘笋用毛竹林的生产潜力,获取更高的经济效益;不合理施肥不仅不能发挥竹林的生产潜力,还有可能造成劳力、物力、财力的浪费。

　　(1)认真学习和研究笋用毛竹林的施肥原理,掌握好施肥的时间和频次,以及施肥的种类、数量和方式。什么时候施肥,施几次肥,施什么肥,施多大的量,怎么施,经营者要研究笋用毛竹林经营技术,结合笋用毛竹林经营实际,掌握好这些知识,融会贯通,灵活运用。如果掌握不好,那么不仅难以获得高产,还有可能造成浪费和损失。

(2)施肥时一定要尽量将肥料埋入土壤较深处,然后用土覆盖并踩实。竹鞭有趋肥的特性,如果肥料埋得不深,将会引鞭上行,影响竹林的整体结构。踩实是为了减少水土流失,并间接减少肥料的流失。

(3)待采伐的竹株和次年为出笋小年的毛竹林不施肥。准备采伐的老竹、病残竹、弱竹、小竹,即将退出母竹的行列,此时施肥实际上是一种浪费。次年为出笋小年的毛竹林来年出笋少,可以不施肥。

(4)持续推进笋用毛竹林杂灌的清除工作。否则,杂灌与笋用毛竹争肥,施肥的效果将大打折扣,造成严重浪费。待施肥竹株上方位的有益杂草也要铲除,避免肥料浪费。

(5)加强施肥管理,严禁不按规定操作,特别是面积较大的笋用毛竹林,一般都要雇人施肥,这时施肥管理就显得十分重要。肥料是施入土壤之中的,肥料施得好不好,检查难度很大。有的地方按施肥量开计件工资,结果有雇工将一整袋肥料施入2个大坑内,造成了很大的浪费,还有可能造成烧根烧鞭。

第七节　修建竹林道和作业道

竹林道是指通向林内能通车的主干道,一般沿山势呈"之"字形或沿山坳上行,作业道的修建是为了方便作业人员将采挖的竹笋背运到竹林道边装车。为了方便笋用毛竹林的经营和竹笋的运输,当竹林内缺乏竹林道和作业道时,应根据实际需要,修建竹林道和作业道,降低经营的人力成本。

一、竹林道

竹林道要尽可能通到竹林的每一处,以减少人工运输成本。标准的竹林道一般宽3米以上,有效路面宽2.5米以上,为沙石路面,内侧设深0.2米、宽0.3米的排水沟,其最大坡度不超过12°,转弯半径不小于12米(见图4.21);每隔0.5千米设置一个错车道,错车道有效路面宽度不小于6米、长度不小于10米。竹林道终点处设置回车坪,其他附属设施包括小桥、涵洞、挡土墙等依线路实际情况设置。

图4.21 已修好路基的竹林道

二、作业道

修建作业道是为了方便采伐竹笋的人员运送竹笋到竹林道,以便装车运往竹笋集散区。作业道的修建密度应根据山地走势和采挖竹笋的实际需要合理设定;作业道的走向应大致与等高线平行(见图4.22),以方便采挖人员背运竹笋。作业道一般宽70~100厘米。

图4.22　作业道

挖笋留竹和采伐竹材

笋用毛竹林是以大量获取毛竹笋和少量收获毛竹材为经营目的的一种毛竹林经营模式。挖取竹笋和采伐竹材能够获取经营产品,留竹即留养母竹,是保证毛竹林持续获取经营产品的根本,所以挖笋留竹和采伐竹材是笋用毛竹林经营的"重头戏",也是笋用毛竹林结构调整的延续。

一、挖笋留竹

挖笋和留竹是相辅相成的。每年或每两年留养一定数量的春笋成为母竹,逐步替代老化的母竹,以此保障笋用毛竹林内的母竹能长期保持旺盛的发笋能力。留养母竹会减少挖笋量,所以挖笋和留竹之间应该找到一个平衡点,从而既能大量挖笋,又能留养好高质量的母竹。挖笋主要是挖鞭笋、冬笋和春笋。

（一）采挖鞭笋

采挖鞭笋,早期笋和后期笋尽量不要挖,生产上将6月发的鞭笋叫作梅鞭,7～8月发的鞭笋叫作伏鞭。鞭笋的生长有很强的顶端优势,适当挖除鞭笋,可以促进侧芽的萌发。一般来说,梅鞭尽量不挖,以养为主,此时若发现有粗壮的跳鞭浮于地表,则要及时覆土深埋。伏鞭以挖为主,经过较长生长期后,新鞭已经长到1～2米,挖掘鞭笋后仍可继续抽出新鞭,还可以增加有效鞭的数量。7月的伏鞭可以大量挖,8月底鞭芽开始分化,笋芽即将开始发育,所以8月中上旬可以适量挖鞭笋,9月以后竹鞭长势减弱,应停止挖鞭笋。

采挖鞭笋时,要做到壮鞭弱挖、弱鞭强挖,刺激弱鞭长出壮鞭;要及时挖除细小的竹鞭,以改善竹林地下结构;遇到粗壮跳鞭,要及时将其深埋。

鞭笋可以每年挖一次。土壤疏松的笋用毛竹林地可以结合竹林深翻来挖掘。土壤疏松度不够、采挖困难的毛竹林地可以开挖竹节沟,沟内施有机肥并覆盖浮土,诱鞭进入沟内生长,然后用剪刀剪除鞭笋即可,剪除鞭笋后要及时覆土,每隔2～3周挖一次。

相关研究表明,合理挖掘鞭笋,不仅不会使笋用毛竹林减产,还可以改善笋用毛竹林的地下结构,疏松土壤。鞭笋挖掘时,正是市场上鲜笋稀缺的时期,此时的鞭笋笋质细嫩,味道鲜美,售价很高。挖掘鞭笋是一项经济活动,挖掘鞭笋的人工成本较大,且鞭笋的产量不高,如果鞭笋产区远离大中城市,鞭笋挖掘后无法获取一定的经济效益,那么可以不挖掘鞭笋。目前,全国大多数笋用毛竹林都不挖掘鞭笋。

（二）采挖冬笋

冬笋笋芽的形成一般在每年的8月底至9月初。冬笋的采挖期各地有所不同,集约经营的笋用毛竹林一般需要考虑冬笋的产量与价格之间的关系,争取最大的经济效益,而非集约经营的毛竹林,采挖野冬笋最早从9月底就开始了。集约经营的笋用毛竹林,一般从11月开始挖冬笋。遇上秋季雨水多而初冬暖和的年份,收割完晚稻之后就可以开始采挖冬笋了。土壤肥沃疏松的地段,可以适当多挖冬笋;土壤肥力不足,笋用毛竹林经营年份不够的地段要少挖,甚至不挖。大小年经营的笋用毛竹林,来年出笋很少的小年,一般不挖冬笋。挖冬笋还要考虑经济效益,若采挖冬笋无法获取一定的经济效益,则无须采挖。经营很好的笋用毛竹林,冬笋收入占比很高;经营情况一般的笋用毛竹林,冬笋收入占比很小;有的笋用毛竹林,不采挖冬笋,只采挖春笋。

冬笋脆嫩清香、美味爽口。一般质量较好的冬笋每只重0.2～0.3千克,基部没有须根或者很少。冬笋大小与经营管理水平、土壤管理状况有密切关系。如果经营管理水平高,土壤疏松肥沃,那么冬笋生长快、个体大、数量多、产量高。

冬笋挖掘技术水平对以后的春笋生产和母竹地下系统的保护影响很大。目前,常见的挖冬笋技术有四种。

1. 开穴挖笋

这种方法首先得找好孕笋母竹。孕笋母竹一般枝叶浓密、叶色深绿且带有几片黄叶(带黄叶很重要,不带黄叶的一般没有冬笋)。找到后,在其周围仔细观察,若地表泥块松动或开裂,湖南竹农称之为"包岔"(见图4.23),则"包岔"下一般有冬笋。用锄头挖开"包岔",若下层土壤很松软,则有冬笋的可能性极大。采用此法挖冬笋,一般要求林地土壤疏松,挖笋人员有长期经营竹林的丰富经验和挖冬笋的熟练技术。采挖冬笋时,要使用专用的挖笋锄头,这种锄头一般开口很窄,易于挥锄入土,锄头锋利,易于斩断干扰根系和冬笋。挖掘时,将冬笋笋尖指向一侧的土掏空,找到冬笋与竹鞭的接触位置,从"螺丝钉"处将冬笋斩断。

2. 全面松土挖冬笋

在冬季结合松土施肥,对林地进行土壤管理时挖笋。具体方法是从山下向山上,全面或块状、带状垦复,用小锄将泥土深翻20厘米以上。故生长在土层20厘米以内的冬笋可以全部掘起。此法既挖掘了冬笋,又抚育了母竹林。在人力充足、面积较小的地方可采用此方法。

图4.23 包岔

3. 沿鞭土挖冬笋

先认准好孕笋竹，并根据最下盘枝或母竹最下端的弯曲方向来判断去鞭方向，在其附近浅挖，找出黄色或棕黄色的壮鞭，而后沿鞭翻土。若鞭上须根很发达，则一般可挖到冬笋；若挖到一个长满须根的冬笋，则此鞭上一般有多个冬笋。沿鞭刨土挖冬笋，注意不要损伤整个鞭段的鞭根和鞭上的芽苞，以免损伤竹鞭的孕笋能力。

4. 凭民间经验挖笋

自古以来，毛竹产区的竹农普遍有挖冬笋的习惯，到了冬笋采挖季节，会有大批的竹农上山挖冬笋。有些竹农是挖些冬笋自己食用，有些经验丰富的竹农靠挖冬笋增加家庭收入。他们每天带着口粮进山，在竹林中到处找寻冬笋，这被称为挖野冬笋。每人每天能挖几十斤，甚至一百多斤。一个冬笋季下来，能有8000~10000元收入。这些采挖人员一般都是在未经培育的竹山采挖,挖得多了,就总结出了许多挖笋的经验。例如,"青鞭起拱,两边有笋"(见图4.24),意思就是说,如果发现了一条粗壮的青色跳鞭,跳鞭上外露的鞭芽粗壮,那么这根跳鞭的两边就有冬笋。又如,上年度有败笋的笋坑附近,极有可能会长冬笋。这些都是竹农长年总结出来的经验,非常有效。这种方法对经过培育的笋用毛竹林的增收成效不大,因为如果竹山笋多好挖,那么没有多少经验的人员也可采挖;如果竹山笋不多,也不好找,那么经验丰富的人员就不愿意去挖冬笋。他们宁愿去挖野冬笋,这样收入便全部归自己所有。

图4.24　青鞭起拱,两边有笋

在挖冬笋时,还应注意:无论用什么方法挖冬笋,都不能损伤竹鞭、鞭芽。挖笋后,要将洞穴或沟槽填平,将裸露的竹鞭覆盖,以防积水或积雪造成烂鞭。在施肥覆盖时,要防止肥料和未腐熟的地表物直接与竹鞭接触,否则也会造成烂鞭。竹鞭及芽组织幼嫩,细胞含水率高,渗透压低,而肥料、枯枝落叶层溶液浓度高,渗透压高,若直接与鞭和芽接触,则易引起鞭和芽的组织细胞脱水。

据调查发现,大多数冬笋都是几根同生在一条鞭段上,此鞭鞭根多,冬笋着生部位大多在鞭段末端不远处。凡单独一鞭一笋的,大多着生在鞭段的中部,此情况可能与毛竹体内所含的各种生长激素有关。掌握这一规律,可提高挖掘冬笋的效率。

冬笋采挖后可以直接送到市场上售卖,也可在阴凉通风处保存30天左右。如果合理采挖冬笋能够带来经济效益,那么经营者应该尽可能采挖冬笋。采挖时要加强管理,避免伤鞭、伤芽,避免雇工采收不入库。即使竹林冬笋太少或采挖难度大,不具备采挖价值,也要加强巡查,防止有人采挖野冬笋,破坏竹鞭和笋芽,影响竹林结构。

(三)采挖春笋

采挖春笋是大多数笋用毛竹林产品采集的重点。笋用毛竹林经营的第二年春天,就要开始采挖春笋。随着笋用毛竹林经营年限的不断增加,春笋的采挖量也不断增加。春笋按照出土时间的不同,一般分为早期笋、盛期笋和末期笋,最先出土的是早期笋。

1. 采挖前的准备工作

春笋采挖前,要做好如下准备工作:

(1)掌握好春笋成批出土的准确时间。笋用毛竹林内偶尔有个别春笋提前出土,这是常见的现象,并不能说明春笋出土时间已经来临。当春笋成批出土露头时,说明第一批春笋已经开始出土了。春笋出土一般是在每年的3月中下旬,但在气候异常温暖的年份,春笋的出土时间有可能提前。从3月5号开始,应每天查看春笋是否成批出土,有杂草的笋用毛竹林尤其要仔细检查,当发现整片竹林内到处都有零星春笋出土时,就要为下一步做准备了。

(2)做好春笋的加工处理准备。早期笋质量较高,售价较高,一般用来加工成清水笋或玉兰片。如果经营者没有加工设施,那么必须及时联系加工单位;如果经营者有加工设施,那么要做好加工前的准备,安排好加工人员。早期笋加工成普通笋干,虽然味道更好,但消耗的原材料更多,产品品相反而不好,普通消费者无法甄别,销售反而不好,所以一般不加工成笋干。此外要准备好装运春笋的工具(见图4.25);雇人挖笋,还要准备好称重工具并及时记录采挖数据。盛期笋开始采挖前,要准备好盛期笋加工处理的工具、器具。自己有加工设备的,要检查行吊(桥式起重机)的电路(见图4.26)、锅炉是否正常等。

图4.25 装鲜笋的竹篓

图4.26 运行中的行吊

(3)准备好劳动工具和人员。正式挖笋前,要准备好劳动工具,有些雇请人员会自己带工具,应提前确认。人员也要提前准备好,现在的体力劳动者越来越少,临时雇请的话,很难及时请到人。

2. 春笋采挖的方法

春笋按照出土时间的不同,一般分为早期笋、盛期笋和末期笋。其实,早期笋、盛期笋、末期笋的划分并没有严格的时间界限,生产上一般称春分前出土的春笋为早期笋。各年同期的气候不尽相同,采挖者在采挖早期笋时,当采挖的笋所在的竹鞭深度在15厘米以上的比例越来越大时,应停止采挖。春分以后出土到4月中旬的春笋为盛期笋,其后的春笋为末期笋。盛期笋的终止日期也是不固定的,若大部分的春笋质量仍然较好,则认为是盛期笋;若大部分春笋的质量变差,笋径很小,看起来很细长,箨叶很长并向四周呈大角度伸展,则认定为末期笋。

早期笋是冬笋的延续(见图4.27),养分含量高,质地脆嫩,售价高,适宜制成清水笋、玉兰片等产品(见图4.28、图4.29)。早期笋采挖应遵循"露头就挖、应挖尽挖"的原则。早期笋一般为浅鞭笋,保留后成竹质量不高,应全部挖除。早期笋挖除后,消除了一部分顶端优势,将会有更多的笋芽膨大成为盛期笋,所以当土壤条件较好时,采挖早期笋能提高盛期笋的产量。如果笋用毛竹林经营的时间不长,土壤结构调整尚未到位,早期笋的产量很低,采挖早期笋无法达到使盛期笋增收的目的,那么可以不挖早期笋。大小年经营的笋用毛竹林的出笋小年,早期笋出笋量很小,也可以不挖早期笋。早期笋的收购要求较高,对它的高度和重量都有具体的要求,不能超高,也不能超重,所以早期笋采挖应该是刚露头就挖,长得太大则不符合要求。加工清水笋要求笋体完整,不剥壳;加工玉兰片则要剥壳笋。早期笋的采挖一般3～5天采挖一轮,面积较大的笋用毛竹林可以划定区块轮流采挖。采挖后的早期笋应按照加工要求就地进行修整,削去笋头上的须根和泥土,保持笋体的完整和美观。

当早期笋采挖结束后,要停止采挖春笋。春分以后,随着气温升高,陆续有大量的春笋出土,这些就是发育中的盛期笋(见图4.30)。生产上对盛期笋的采挖要求不同,一般出土30～50厘米时采挖。盛期笋纤维含量较高,大多用来制作压榨笋。当大量春笋出土并有少量盛期笋长到30～50厘米高度时,为盛期笋采挖期来临,此时应挖掉一批盛期笋,隔3～4天后,又会有一批笋长到这一高度。盛期笋采挖期的开始时间各地不尽相同,一般来说,纬度低的地区盛期笋采挖期开始早,纬度高的地区盛期笋采挖期开始晚。生产上将盛期笋采挖期开始时间定在清明节前后,由于每年的气候不同,同一地区的盛期笋采挖期开始时间也经常变化。如湖南省桃江县,2017年的盛期笋采挖期开始时间在4月10号前后,而2021年的盛期笋采挖期开始时间在3月30号前后。因此,不可机械地固守清明节挖笋的习惯,要定期进山观察,预测盛期笋采挖期的到来。

图4.27 早期笋

图4.28 清水笋罐头

图4.29 玉兰片

盛期笋可以采挖的特征是竹林内有少量春笋株高达到30～50厘米,这些春笋在竹林的各处都有分布,而不是在某些地段有个别春笋株高达到30～50厘米,这时应组织少量人工挖除这些春笋,同时对竹林中虽然株高没有达到30～50厘米,但围径很小、长势不旺盛、没有晨露的春笋予以挖除或直接挖死(见图 4.31),消除一部分顶端优势,3~4 天后,会有大批的春笋达到采挖要求,出笋盛期到来。

图 4.30　出笋盛期来临

盛期笋采挖期来临时要及时组织人力开始大量挖笋,并在挖笋的同时留足母竹笋。预留的母竹笋要插上标记,称为号笋,其余达到采挖要求的春笋一律挖除。过小笋、长势不良笋等也要挖除,若没有采挖价值,则直接用锄头挖死。2~4 天后再开始另一批次的采挖,如果上一次留的母竹笋发育不良,那么可以在下一采挖批次中予以替换。以后每隔 2~4 天就可开始下一批次的采挖。经营状况良好的笋用毛竹林,可以采挖盛期笋 6~7 个批次;竹林结构尚未调整到位的笋用毛竹林,可以采挖 2~3 个批次的盛期笋。当然盛期笋的采挖高度也不是一成不变的,当笋体围径很大、笋的木质化程度不高、外观色泽较淡时,可以适当放宽采挖高度至 50 厘米以上。少数围径较小的笋,采挖高度可以低于 30 厘米。有经验的采挖者很容易就能做出判断。还有一种特例是白芽笋(见图 4.32),在浙江省叫作"黄泥拱",这种笋入土很深,笋体呈嫩黄色,可以在 20 厘米高度前采挖,挖出的笋体有的可长达 1.5 米,重达几十斤,既可以作为制作笋干的原料,也可鲜炒食用,味道比一般的春笋好。白芽笋在每年4月15号前后大量出土,经营者可以单独采挖,露头即挖,不去壳,直接送市场售卖。

图4.31　健康笋的晨露　　　　　图4.32　白芽笋

为了农林生产,古代的劳动人民总结出了二十四节气,其对毛竹笋的挖掘也有指导意义。从事毛竹笋培育的竹农总结出来一句农谚:"二月清明清明前,三月清明清明后。"这句话的意思就是,如果清明节是在农历二月,那么气温回升快,采挖春笋的高峰期在清明节之前,挖笋期就长,可以多挖几个批次,春笋的产量就高;如果清明节是在农历三月,那么气温回升慢,采挖春笋的高峰期在清明节之后,挖笋期就短,挖的批次就少,春笋的产量就低。

盛期笋一定要及时挖,否则就会错过挖笋期。一笋不挖,将导致后面几个批次少发笋,尤其是进入成熟稳定高产期的笋用毛竹林,不及时挖笋会造成很大的损失。及时挖笋的好处是挖除了有可能成为退笋的春笋,减少了损失。笋用毛竹林内的退笋很少,其原因就是春笋在尚未成为具有明显衰败特征的退笋前便已经被挖除了。

　　退笋的特征是：初期笋尖须毛开始枯萎，笋箨上茸毛开始下垂，远看笋尖失去光泽，高生长逐渐缓慢并停止(见图4.33)；后期笋尖小，箨叶干枯，早晨笋尖无水珠，箨毛枯，笋箨稍松散，无光泽，笋尖坚硬，剥开笋可见笋肉呈青紫色或黄色，退笋时间越长笋肉越黄。根据这些特征识别退笋时，应反复实践才能熟练掌握，因为以上特征常因竹笋所处的立地条件不一样而有所差异，如阳坡和阴坡、林内和林缘、晴天和雨天、早晨和中午，笋的外表特征均会产生差异。具有以上特征的春笋一般难以成活，发现后要及时采挖或挖死。

图4.33　即将成为退笋

　　一般把4月20号以后的春笋叫作末期笋。竹林结构很好的笋用毛竹林，末期笋的质量也很高，可以采挖1～2个批次，剩下的批次纤维含量过高，做出的笋产品质量较差，缺少经济价值，一般不再采挖。竹林结构尚未调整到位的笋用毛竹林，末期笋质量太差，一般不采挖。

　　采挖春笋要使用特制的锄头,锄头的长度比普通锄头略长,开口比普通锄头略窄,比挖冬笋的锄头略宽。挖春笋的方法与挖冬笋基本相同,将笋尖箨叶弯头指向一侧的泥土刨开(见图4.34),找到春笋与竹鞭相连处的"螺丝钉",用锄头斩断即可。当春笋入土不太深时,有经验的采挖者只需几秒钟的时间就可采挖出一株春笋,号称"三锄头挖出一株春笋"。虽然大多数情况下挖笋的速度没有这么快,但熟练的技术和适宜的入土深度能够保证劳动者有很高的劳动效率。选用的笋用毛竹林的土层厚度过大时,虽然长出的笋个头大,但耗费的人工成本也高,有时会超出一般人工成本的几倍,所以土层厚度并不是越大越好。

图4.34　挖春笋方向

　　带壳加工的早期笋采挖修整后一般直接送加工车间加工,盛期笋、末期笋及部分早期笋则要剥壳修整后才能加工。剥壳一般在竹林内就地开展,好处是可以及时减少重量,减轻运输负担,也可以将笋箨散布在竹林中,其腐烂后可成为有机肥。剥壳使用特制的剥壳刀,这种刀比一般的柴刀要平直,刀尖较短,形如鹰嘴。剥壳时,使春笋直立,笋头触地,笋尖朝上,左手握笋尖,右手握刀,从春笋笋体向外弯曲的一侧起刀,从上往下劈削,注意不要伤及笋肉,这时笋箨内部的几层纹理完全露了出来,将剥壳刀顺着笋箨的纹理插进去,轻轻一撬,大量的笋箨就会掉落,再一刀砍掉笋尖的箨叶,不要伤及笋肉,然后就可以用手直接剥除笋箨(见图4.35)。笋箨剥完后,用剥壳刀修整春笋,首先要砍掉笋头过老的部分,然后将底部削平,将笋头上的红色笋钉削除,使整株春笋看起来很圆润即可。笋头砍去过老的部分后,保留的部分也有讲究,一般笋头部位着生笋箨的最低位置以下的节要保留7节,其余一律砍去。还有一个判断方法是用指甲掐笋头,轻轻一掐就能掐进去的要保留,掐不动的要砍除。有的地方不削笋钉直接加工,虽然不会影响笋产品的品质,但笋钉在加工后呈黑色,影响笋产品的卖相,所以在加工前削除更好。笋体修整后,品质好的春笋笋头肥大嫩白,笋肉很厚,笋体看起来很肥壮;而品质差的春笋笋头很小,笋肉很薄,笋头和笋体中部的粗度差距小,笋体修长通直,弯度小。

图4.35 春笋剥壳

采挖的早期笋或剥壳修整后的盛期笋、末期笋等,要及时运送下山并送往加工车间。根据生产上的要求,春笋采挖后的24小时之内必须进行蒸煮杀青,否则春笋会变质或老化,影响成品品质。实际上如果春笋堆积在一起并用卡车运输,春笋堆积积热加上运输中的震荡,那么即使用冷藏车运输,笋的老化速度也会很快。因此,春笋采挖后要及时运至有车道的地方,再用交通工具送往集中地。采挖春笋时一般用一种简易的竹篓来装春笋,若采挖地在林道附近,则笋农可以直接将处理后的春笋背运至林道边,用交通工具运送至集中地(见图4.36)。若春笋采挖地远离林道,则一般需人工背运至就近的林道边,也可利用采挖地和林道的高差,使用滑轮装置将春笋运至林道边,省工又省力。这种装置费用不高,只要几千元,很多面积较大的笋用林内都建有这种装置。

图4.36 运输剥壳修整后的春笋

春笋运到集中地后,集中堆放时要用手把笋一个个拿出来,以免损伤笋体,造成破损或产生零星笋肉碎片,进而造成经济损失。

3. 春笋采挖期管护

春笋采挖期的管护对维持正常的春笋产量意义重大。春笋采挖期的管理主要包括以下几个方面:

(1)加强笋期山林管护,防止人工饲养的动物破坏春笋。目前在林下养殖动物的情况很多,许多饲养者将动物赶入林内放养,给春笋的出笋及生长发育带来了严重威胁。动物可踩死刚出土的春笋,破坏待出土的春笋。特别是山羊,它是一种杂食性动物,喜欢食用幼嫩的笋箨叶,使春笋停止生长(见图4.37)。

图4.37 被山羊啃食后的春笋

(2)加强山林巡护,防止盗挖春笋。虽然盗挖者不多,但不加强巡护,盗挖者就会乘虚而入,造成经济损失。

(3)加强采挖人员管理和服务。采挖人员的劳动工具、餐食要充分保障,林内过磅、装车等进行时要做好服务,以提高工效。采挖人员不按规定区域逐次采挖,挑大放小,或者采挖插了标志的母竹笋等行为一旦发现,就应坚决制止。

(4)及时应对不利气候。不利气候是指连日下雨降温或连日天晴升温,这些都会给春笋的出土带来严重影响。春笋出笋期,特别是盛期笋采挖期,最佳的天气是下一场雨、晴两天,这样,一天休息,两天挖笋,雨后春笋长得特别快,生产潜力就能最大化释放。遇上4月连日下雨、气温随之下降时,春笋迟迟不出土,已出土的盛期笋也可能会因受冻而逐渐死亡腐烂,未出土的春笋在地下也不怎么长高,个头不长大,但肉质逐渐老化,一旦天气突然放晴,春笋出土长个迅猛,很多春笋来不及采收就长得过高,无法利用,而这一个批次过后,后面的春笋产量会降低,这是典型的生产潜力无法发挥,目前我们还没有有效的应对办法。若遇上连日放晴7天以上,春笋出土快、老化快,经常难以及时采收,采挖批次减少,则有灌溉设施的就需要每隔两天浇1次水,使地面降温,同时也补充水分,使春笋萌发长高。

（四）留养母竹

留养母竹与采挖盛期笋同步进行。当春笋出笋盛期来临时,第二批笋留养母竹质量最好,成竹质量最高,要从中选取健壮的母竹留养,其特征为下部箨叶开张、坚硬,笋尖箨叶短而紧凑,笋体粗壮通直,笋体深红褐色,颜色鲜艳有光泽,有晨露(见图4.38)。注意无晨露的母竹笋不能发育成竹,不能留养。留养母竹笋是调整竹林结构的延续,应该根据竹林现状,科学合理地留养。

图4.38　留养的健壮母竹笋(最高大健壮的一株)

当笋用毛竹林经营期不长、竹林结构不好时，母竹质量差，竹林内"天窗"较多，就要适当多留养母竹。具体做法是，不管是大小年模式还是花年模式，都要尽可能地在质量差的母竹旁边留养一株基本合格的母竹笋，竹林内留养的数量无须限定。只要竹林内有"天窗"，就要尽可能在"天窗"内按照每亩留竹120株的数量保留基本合格的母竹笋。所谓的基本合格的母竹笋，除了前文所述的基本标准之外，还要加上胸径指标，一般笋用毛竹林，留养的母竹最合适的胸径是9～11厘米（1.3米高处测量）。根据经验，当春笋长到40厘米左右的高度时，凡带壳地径在12厘米以上的笋，发育成竹后基本能够达到这一要求。若实在无合适的母竹笋，则可适当降低地径标准，40厘米高、带壳地径在10厘米以上的春笋予以保留，以免竹林结构失衡。

笋用毛竹林经营周期较长、竹林结构较好时，一般花年笋用毛竹林每年每亩留养母竹20株左右，坡度较大的地段每亩可适当增加1～3株。除了在年底需要采伐的母竹旁边留一株外，其余留养的母竹笋应尽可能地均匀分布，与其他母竹保持合理的距离；大小年经营的笋用毛竹林，小年不留母竹笋，一律挖除，大年每亩留养健壮母竹笋30株，坡度较大的地段每亩可适当增加2～4株，除了在年底需要采伐的母竹旁边留一株外，其余留养的母竹笋应尽可能地均匀分布，与其他母竹保持合理的距离。

选留的母竹笋要做好标记，称为号笋。一般就地取材，用一根竹枝插在母竹笋旁边以提示挖笋人。号笋后要定期检查留养的母竹笋，一旦发现留养的母竹笋停止生长或被损坏，就要及时在下一个批次的健壮笋中就近选留。

留养母竹笋时应注意留养后能保持竹林结构合理，杜绝见到健壮大笋就想保留的错误心理，合理留笋，保持合理间距，促进竹林结构进一步完善。

留养母竹还要考虑经济因素。经常有人认为，7年以上老竹在笋用毛竹林中的作用是负面的，在竹林中毫无用处。其实这种想法是错误的，毛竹的发笋能力和累积养分的能力是逐步下降的,7年以上老竹在完全失去对鞭竹系统的养分蓄积能力之前,是具备一定的养分蓄积能力和发笋能力的,只不过这种能力在逐年下降。若某一年的春笋价格特别好,则要考虑当年不留笋养竹,将春笋全部采挖,先抓好当前的创收工作,竹林的结构虽然受到一定的影响,但影响不会很大。需要注意的是,若当年本该留笋养竹却没有留笋养竹,则下一轮留笋养竹时一定得留,若竹笋市场价格不好,则可适当多留。若当年没有留笋养竹,则当年不采伐竹材。

二、疏笋号竹

春笋停止采挖后,仍然有大量的小径春笋接连出土,这些春笋的生长速度很快,若任其发育成竹,则会严重影响竹林的结构,必须将其清除,这就是疏笋。

疏笋的操作很简单,就是用柴刀将尚未完全成竹的多余春笋砍断,砍断的部位不必齐地,只要靠下部就行。疏笋的时机选择很重要,过早地将其清除,由于消除了顶端优势,很快就有更多的春笋萌发出来;疏笋过迟,春笋已经发育成竹,疏笋的劳动强度就会变大,所以科学疏笋要选准疏笋的时间。湖南省桃江县林业局技术人员的研究显示,在每年的5月15~20日疏笋最好,此时疏笋,春笋基本不再萌发,疏笋的劳动强度不大,用工最少;疏除的春笋(幼竹)容易腐烂,只需疏笋1次。当然,各地气候不同,最适疏笋时间也不一定完全相同,各地可在经营实践中总结本地的最适疏笋时间段。

疏笋时可以同步进行号竹。所谓号竹,就是将新生竹标上出土年份,以方便采伐时辨认。毛竹年龄越大,越不容易辨别竹龄,而号竹可以轻松地解决这一问题。号竹使用油漆笔,这样能使号竹标识保存很久。号竹一般写上出土年份的最后2~3个数字,如2021年出土的,可以写上"21"或"021"。标注的位置一般朝向下坡方向,从山坡下方可以看到,标注的高度以方便标注为宜,一般为齐肩高度,也可统一设定为1.3米(见图4.39)。

图4.39　新生竹号竹

三、竹材采伐

留养母竹笋后,随着母竹笋发育成竹,笋用毛竹林的立竹密度有所增加。同时,原有的部分母竹逐渐老化,部分母竹长势变弱,部分母竹遭受病虫害的侵扰,需要伐除这些母竹,使竹林立竹密度更加合理,竹林健康状况整体提高(见图4.40)。

笋用毛竹林的采伐不同于其他经营模式下的毛竹林采伐,笋用毛竹林的主要获取物是竹笋,所以采伐时间的确定依据主要是采伐对竹林结构造成的负面影响较小。

图4.40　竹材采伐

（一）采伐的时间

笋用毛竹林的合理采伐时间是当年11月到次年2月，因为此时竹笋的发育进入休眠期，毛竹的生命活动不旺盛，竹材采伐后不会产生伤流，毛竹养分不会流失，也不会引起毛竹病害。

（二）采伐的频次

花年笋用毛竹林每年冬季采伐1次，大小年笋用毛竹林每两年采伐1次，在出笋大年的冬天采伐。无论是花年竹林还是大小年竹林，只要是当年留养了母竹笋的，当年冬天就都要采伐一批母竹，以保持立竹密度的稳定。

（三）采伐的对象

花年笋用毛竹林以采伐7年及以上老竹为主，同时将竹林内其他年份的弱势母竹、受病虫危害的母竹一并伐除，采伐株数根据留养母竹笋的情况而定，一般每亩采伐20～23株，使竹林立竹密度保持基本稳定。若竹林的立竹密度过大，则要采伐下一年为出笋小年的毛竹，其外部特征为叶色逐渐由绿转黄，采伐这种毛竹对次年的发笋影响不大。

大小年笋用毛竹林以采伐7年以上老竹为主,同时将竹林内其他年份的弱势母竹、受病虫危害的母竹一并伐除,一般每亩采伐30～34株,使竹林立竹密度保持基本稳定。

不管是大小年竹林还是花年竹林,一旦在确定待采伐毛竹时发现幼壮龄母竹受损或长势变弱,就要将其定为采伐竹,其旁边的母竹即使是老龄竹,也应暂时保留。因此,笋用毛竹林的采伐并不是将所有老龄竹全部伐除,而是在特定情况下可以暂时保留,直至有新生母竹替换时,才能采伐。

（四）采伐的方法

竹材采伐方法与竹林结构调整时采伐竹材的方法相同,先在待采伐毛竹上打"×",使用专用的柴刀、斧头或电动工具将其伐倒,去除枝丫后将竹材运出竹林,在林道边堆积外运。竹枝丫先在竹林内放置一段时间,让健康竹叶掉落在竹林内成为有机肥还林,然后将竹枝丫运出林外。小面积采伐,且采伐人员留竹经验丰富时,可以不对待采伐毛竹进行标识,直接根据经验采伐老弱病残竹,以减少人工成本。要设立专职或兼职安全员,防止安全事故发生。

第九节　竹林灌溉技术

毛竹忌水涝,水淹后容易导致竹鞭腐烂,但毛竹的生长发育需要大量的水分,若其在生长发育的关键时期缺水,则会导致生长发育受阻,光合作用合成有机物的能力降低,发笋成竹功能不能得到充分发挥,竹笋产量将受到严重影响。

一、灌溉的关键时期

灌溉措施并非每年都要实施,当年风调雨顺时,笋用毛竹林是无需浇水灌溉的。只有在毛竹成长发育和孕笋长笋的关键时期,才需要浇水灌溉。

8月底至10月初是笋用毛竹林鞭芽转化为笋芽和生长发育

的关键时期,土壤缺水会严重影响笋芽生长发育,当年秋季萌发的笋芽数量直接关系到来年的春笋数量,如果这一时期连续15天左右没有下雨,土壤干燥,那么就必须浇水抗旱。

清明节前后为出笋盛期,如果连续7天以上都是晴天,气温猛然升高,那么就应浇水灌溉。一方面使土壤降温,另一方面给土壤补充水分,使春笋出土能够更加均匀、持续。

毛竹为浅根系植物,竹鞭贮水能力不强。在毛竹生长发育旺盛、需水量较大的季节,如果持续干旱1个月以上,那么毛竹的生长发育将会严重受阻。特别缺失的地段,就会发生毛竹因干旱而死亡的现象。

二、建设蓄水池贮水灌溉

常用的灌溉方法就是在山坡上部修建蓄水池(3米×4米×2米)(见图3.41),在山下打机井或利用山塘水坝等现有水源,引水入池或抽水入池,再用水管把蓄水池中的水引到竹林中进行灌溉,每池水可浇灌4~5亩竹林。引水管一般采用防锈的镀锌管,并开沟深埋,深度以30~40厘米为宜,过浅则挖笋时易挖到引水管上,损坏挖笋工具,或者造成引水管损坏。在引水管上每隔20米设置一个接口,浇水时用软管从接口处引水。

图4.41　蓄水池

蓄水池修建完成后,要做好安全防护措施,装好顶盖,安装锁具,平时锁好,避免孩童玩耍时误入。

三、开挖竹节沟保水

在坡度较大的地段,也可以开挖一定数量的竹节沟(见图4.42),沟的长度为0.5～1.0米、宽度为20～30厘米、深度为50厘米。这样既可减轻地表径流冲刷,又可贮水抗旱。当竹节沟快被泥沙堆积时,还可利用它来施肥。

图4.42　竹节沟

四、建设"之"字沟或喷灌

灌溉还可以采用以下三种方式:第一种是引水至林地,开挖沿山势缓慢下行的"之"字沟,沟的深度20～30厘米,下行的坡度小于10°,让水流在沟中缓缓流动,并慢慢渗透到竹林各处。这种方式省工省力,前提是海拔高于笋用毛竹林的地方要有水源,并可引流到笋用毛竹林中,水源的水量要足够大,才能流到更远的地方。第二种是将水引至林地后,当水源的位置高、水压足够时,可以采用喷灌的方式;水压不够时,可以采用抽水机辅助喷灌。第三种是在水位较低时,直接抽水灌溉。每次灌溉的强度不用太大,几天灌溉一次就可以缓解旱情。灌溉后若有一定强度的降雨,则可解除旱情。

第十节 竹林灾害防控

毛竹林灾害主要包括竹类病虫害、森林火灾和雨雪冰冻灾害。竹林病虫害的防治措施主要有生物链天敌防控(保持生物多样性)和病虫化学防治。保持生物多样性的目的是尽可能维持害虫天敌的原有生存环境和食物链,以保护天敌,让天敌控制害虫发展,避免害虫暴发成灾。其主要措施是在砍杂过程中只砍除中下层灌木和杂草,尽量保存原有上层乔木,特别是浆果类的阔叶树;在竹林周边尽可能保持完整的森林生态系统,即乔木、灌木、杂草、大小动物和微生物良性互动的混生林地。森林火灾和雨雪冰冻灾害的生物防控措施为保持合理的竹林结构,清除林下易燃物,保护常绿阔叶大树等。

一、毛竹病虫害的防治

(一)毛竹丛枝病

毛竹丛枝病俗称扫帚病、雀巢病,属真菌病害。病原体孢子经风雨传播为害。经营管理水平低下、长势不旺盛的毛竹容易受害。浙江、江西、湖南、河南、贵州等省的毛竹林经常发生此病。病原体不仅危害毛竹,还危害雷竹、水竹、刚竹等竹类植物,严重时可导致竹林衰败,甚至竹株死亡,严重影响笋用毛竹林的产量。

1. 发病症状

初发病时,只有个别枝条有受害症状,病枝细弱且节间变短,叶形变小,小枝持续长出侧枝,侧枝上又长出更小的侧枝,变成丛生状,形如雀巢,故称雀巢病。5～6月,叶梢及病枝前端长出白色粒状物,这是由病菌菌丝和寄生组织形成的。8月,这些白色粒状物消失。9～10月,第二次出现丛生状枝,再次产生白色粒状物,若全竹长满丛生状枝,则毛竹会枯死。

2. 发病规律

病菌潜伏在竹枝内越冬,病菌的无性世代的子实体于次年5月中旬开始成熟,随风雨传播,侵害当年新竹及老竹萌发的嫩叶、枝条。毛竹林郁闭度大、林内草灌木多导致通风不良时,该病更容易发生。6月底至7月初受害症状出现。一般老竹较新竹发病重,眉围细的竹株较眉围粗的竹株受害重,株缘较体内重,迎风面较背风面重,风倒竹较健康立竹发病重。

3. 防治方法

(1) 加强抚育管理,保持林内卫生和合理的竹林结构,合理采伐,保持适当密度,加强水肥管理,使竹株保持旺盛的生命力,增强对病菌的抵抗能力,减少受侵害的风险。

(2) 及早除去林内病株、多年生病弱竹和风倒竹,并及时运至竹林外烧毁,以防止病害再度蔓延并危害其他竹株。

(3) 为有效预防病菌扩散,可在病株上喷施波尔多液等,控制病情蔓延。

(4) 当受害竹株过多时,要砍除全部竹株并就地烧毁。

(二) 毛竹煤污病

1. 主要症状

毛竹煤污病又称烟煤病,开始发病时,竹叶或小枝上逐渐出现圆形或不规则的黑色丝状霉点,后蔓延扩大,病株的竹叶正反面及小枝上均覆盖一层黑色煤层状粉末,严重影响毛竹的光合作用和呼吸作用,使毛竹长势变弱,严重时枝叶黏结,竹叶发黄、脱落。有霉污层的枝叶上,常见蚜虫和蚧壳虫为害,以及瓢虫等虫媒天敌存在。

2. 发病期

病菌一般在病株上越冬,借风、雨、昆虫传播。毛竹林受害一般是由于蚧壳虫和蚜虫危害竹株,同时分泌甘露,成为煤污病病菌的营养来源,导致煤污病发生。病害的发生早晚及流行程度与虫媒的生活史、活动情况及立地条件有一定关系。根据统计,密林比疏林受害严重,春季比秋季受害严重。

3. 防治方法

（1）蚧壳虫、蚜虫是诱发毛竹煤污病的虫媒，要防治毛竹煤污病，必须先防治蚧壳虫和蚜虫。在蚜虫和蚧壳虫的若虫活动期，用50%马拉松乳剂1000倍液、40%乐果1000倍液（氧化乐果毒性大，不宜用）、40%亚胺硫磷乳剂300~1000倍液喷洒防治，也可用松脂合剂20倍液、0.3度波美石硫合剂喷雾防治。还可用乐果乳剂浇灌竹秆基部土壤，让竹根吸收药液，以达到治虫又治病的目的。浇灌法一般不适宜于挖笋的毛竹林。

（2）保持竹林的合理密度，合理采伐和留养毛竹，使毛竹林通风透光，降低湿度，可减少该病害发生。笋用毛竹林要尽量保持林内通透，一旦发现病株，就应及时清除并运至竹林外销毁。

（三）黄脊竹蝗

1. 黄脊竹蝗的生物学特性

黄脊竹蝗属昆虫纲直翅目丝角蝗科，是一种常见的毛竹食叶害虫，也危害其他竹类植物和水稻、玉米等禾本科植物。

（1）形态特征。成虫身体长30~40毫米，呈黄绿色，雌蝗略大于雄蝗，由前额顶至前胸背板中央有一条黄色的纵纹，呈前面窄后面宽的态势，端部有黑斑，两侧有"人"字形沟纹，后足腿节膨大。卵呈深土黄色，长椭圆形，长6~8毫米。黄脊竹蝗的若虫又称跳蝻，共分五龄，一龄跳蝻翅芽不明显，二龄跳蝻雌雄个体间翅芽差异明显，五龄跳蝻翅芽伸至腹部第三节末。

（2）生活习性。一年1代，在林下产卵越冬，到次年5月初卵开始孵化，至6月底孵化完成，卵孵化的盛期在5月中下旬。孵化后的跳蝻如遇晴天，会在24小时内上竹，爬行至毛竹的顶梢，集中吃顶梢的嫩叶。三龄后的跳蝻开始下竹扩散，危害面积扩大，到7月初跳蝻开始羽化为成虫，羽化的盛期在7月中下旬。成虫能飞翔，在中午炎热时下竹寻找阴凉处躲避，午后继续上竹，喜食带咸味和尿骚味的东西。成虫有集中交尾的习性，喜欢选择适宜产卵的地方交尾，如向阳、杂草较少、泥土裸露的地方。交尾后产卵，卵产于软硬适中的3~4厘米深土壤中。每只雌蝗产卵1~6

块,平均2~3块,每个卵块包含若干粒卵,每只雌蝗的产卵量为22~132粒,平均产卵量为44~66粒。

2. 查找集中产卵地

1亩面积的黄脊竹蝗集中产卵地如不防治,黄脊竹蝗出土后经扩散可危害147亩毛竹林,所以要及时查出集中产卵地,尽早开展防治工作。根据黄脊竹蝗集中产卵的一些特点,及时找出集中产卵地,做好标记,以便防治。

(1)集中产卵地的识别特征:

① 跳蝻出土前集中产卵地的特征。集中交尾后的黄脊竹蝗有集中产卵的习性。雌蝗产卵前飞翔能力已经大大减弱,一般以毛竹下方枝盘上的竹叶为食,集中产卵地的立竹与其他地方的立竹有很大的不同:一是下方枝盘上的竹叶呈明显受害状,越往上,竹叶受害的程度越轻,最下一盘竹枝上的竹叶的残缺率最高,受害最严重;二是地表有吃黄脊竹蝗卵块的鸟类扰动枯枝落叶的痕迹,无枯枝落叶处还有鸟类啄食卵块留下的孔洞;三是地面上可见黄脊竹蝗卵块的卵囊盖,用锄头轻轻一挖就可挖出卵块来。

② 跳蝻出土后集中产卵地的特征。孵化后的跳蝻如遇晴天,会在24小时内上竹,爬行至毛竹的顶梢,集中吃顶梢的嫩叶,而其他跳蝻也会源源不断地出土上竹。卵块全部转化为跳蝻少则几天,多则40多天,一般为30天左右。跳蝻出土上竹为害,产卵地上的毛竹顶梢竹叶受害,远看竹叶轻微变黄,失叶后顶梢直立,特征非常明显。进入林内,可发现地上有大量的黄脊竹蝗,地下可挖出黄脊竹蝗卵块,毛竹秆茎上有黄脊竹蝗跳蝻在上竹。

(2)产卵前后确定成蝗发生区。成蝗有集中产卵的习性,只有确定成蝗发生区,才能大致确定集中产卵地的区域,缩小集中产卵地的调查范围。确定成蝗发生区,首先是开展外围调查,调查村组干部、护林员和其他进山人员,以了解黄脊竹蝗8月前后集中产卵后的活动区域,即黄脊竹蝗产卵的大致区域;其次是远看,黄脊竹蝗集中产卵后的活动区域一般受害状较为明显,竹叶泛黄,严重时呈火烧状,此时进入林内,可发现成蝗发生的竹林内的竹株竹叶都有被部分取食的痕迹。

（3）产卵后的调查时间。9月中下旬至次年3月竹林未大量换叶前，毛竹下方枝盘上的竹叶受害症状明显，此段时间可确定为竹蝗集中产卵地的调查时间。

（4）设定踏查线路。在调查确定的成蝗发生区的毛竹林，根据毛竹林的进山难易度，每隔10～20米设置一条踏查线路。

（5）目测确定产卵地。踏查时，在踏查线路两侧搜索前行，若发现有部分毛竹下方枝盘上的竹叶明显受害（上年竹腔注射防治区除外），则可确定其为黄脊竹蝗集中产卵地，此时可以入林内观察地面，若发现有卵囊盖，则可确定为黄脊竹蝗集中产卵地；若没有发现卵囊盖，则可用锄头轻挖地表，看是否能挖到卵块。若有，则确定为黄脊竹蝗集中产卵地。非竹林区（麻竹山、芭茅山、严重受害的竹林被竹农砍光区），可搜寻鸟扒动枯枝落叶的痕迹和鸟啄卵块留下的孔洞，若有，则确定为集中产卵地。

集中产卵地确定后插杆标记，砍除上面的杂草灌木，做好次年黄脊竹蝗防治的准备工作。

3. 出土跳蝻的快速查找

刚出土的跳蝻为淡黄色，2～4个小时后变为麻灰色，头上有两根触角，先端为白色（见图4.43），这是区别黄脊竹蝗与其他竹蝗的主要特征。查找出土竹蝗，首先要从外面观察毛竹林，然后入林内观察。黄脊竹蝗上竹后，会危害顶梢嫩叶，在5～6月远看，若毛竹林部分毛竹顶梢变黄，顶梢失叶后直立，与其他毛竹的垂头状大大不同，则有跳蝻为害。此时可进入林内找寻跳蝻。进入林内后，可根据下列特征来判断有无跳蝻：

首先是"三看"：一看地面有无跳蝻；二看竹秆秆茎上有无跳蝻上爬；三看地面的灌木和草本植物上有无跳蝻的粪便。据此判断有无跳蝻。

其次可根据上一年度黄脊竹蝗集中产卵地的调查情况，对所有集中产卵地进行逐一调查，再根据上述方法判断跳蝻是否出土。

　　漏治集中产卵地的调查可根据远观法确定受害区域,然后进入林内调查是否有出土跳蟓。

图4.43　跳蟓

4. "两法"治蝗

　　治蝗专家、湖南省桃江县林业局高级工程师练佑明经过多年摸索,发明了一套防治黄脊竹蝗的全新方法,因包括跳蟓期的注射防治和成蝗期的诱杀,故称之为"两法"治蝗。

　　(1)灭蟓:给下方枝盘上的竹叶明显受害的竹株打一针。约95%的集中产卵地出现后,立竹下方枝盘上的竹叶明显受害症状为其识别特征。据此确定成蝗发生区后,每年9～12月,最迟不能超过次年的3月,在竹林中每隔20～40米设一条踏查线路;沿线路踏查目测,凡下方枝盘上的竹叶的残缺率明显高于 $n+1$ 盘枝的,其下确定为竹蝗集中产卵地。集中产卵地确定后,插杆标记,割除地上的草灌木;次年的5月中下旬对集中产卵地周围2～3米距离内的竹株注射杀虫双原液20毫升/株,以彻底防治跳蟓。漏治产卵地跳蟓未扩散时比照以上办法防治,因跳蟓不断扩散,故注射工作必须在6月10日前结束。约5%的非竹林内的集中产卵地,需根据有无竹鸡等鸟类啄食卵块留下的孔洞和林下枯枝落叶被扒动的痕迹,以及地面是否有卵囊盖等特征来确定。使用传统喷粉、喷雾法防治出土跳蝻,减少虫口密度。虽然杀虫双毒性不强,但该药具有内吸作用,能被植物吸收,所以笋用毛竹林应尽量不用注射法防治。

(2)诱蝗:竹槽灌人尿、杀虫双。人尿、杀虫双按18:1配制成诱杀剂,把两头带节的竹筒劈成两块竹槽(或用泡沫快餐盒代替),以作为载体,6月下旬至7月下旬的晴天将竹槽放入跳蝻或成蝗多的地方,沿山脊线、山腰路每4～5平方米放1个竹槽(放置前需把其周围1～2平方米内的杂草灌木砍除干净),然后向竹槽内灌入诱杀剂250～750毫升。竹槽越大越好,越大收集雨水越多,诱蝗的时间愈长。在蝗虫尸体将竹槽覆盖后,应将蝗虫尸体清除,以利于其他蝗虫来饮吸。放药后若每3～4个晴日接1个雨日,则诱蝗效果可达40多天。用快餐盒时,盒内需放入50克左右的卵石,以防风雨将快餐盒掀翻。放药后要经常检查,及时补充药物。若将草把、废旧纸壳浸入诱杀剂中施放以作补充,则治蝗效果更加好。

5. 人工喷粉或飞机喷粉防治

防治面积不大时,可以进行人工喷粉防治;大面积防治黄脊竹蝗,可以使用小型飞机或无人机喷洒药物,防治时间在6月10日以后为佳,此时跳蝻都已出土上竹,毛竹受害症状明显,但尚未成灾。防治药物主要是苏云金杆菌和阿维菌素的粉剂,填充剂为滑石粉。阿维菌素虽然是生物药剂,但对鱼类、蚕、蜜蜂都有较大的毒性,所以在喷施时应尽量避开池塘或水源,避开植物的开花期。阿维菌素和苏云金杆菌均为生物药剂,在自然环境中容易降解,降解产物对环境基本无害。目前人工成本越来越高,"两法"防治黄脊竹蝗所需人工较多,所以飞机喷粉防治不失为一种更好的替代方法。

（四）竹青虫

竹缕舟蛾、竹箧舟蛾、竹拟皮舟蛾等统称为竹青虫或竹蚕（见图4.44），是一种暴发性食叶害虫。竹青虫每隔若干年暴发1次，湖南省桃江县县志记载，1963年该县暴发面积为2.2万亩，1967年暴发面积为4万亩，1979年暴发面积为5万亩，1983年暴发面积为5.6万亩，1993年暴发面积为15.5万亩，2014年暴发面积为49.5万亩，受害竹林一片枯黄。

1. 生物学特性

（1）形态特征。成虫体长12～23毫米，雌虫黄白色，雄虫黄褐色，翅中均有1个黑点。卵扁圆球形，长1.2～1.3毫米。幼虫体长45～70毫米，呈翠绿色，故称竹青虫，背线灰黑色。蛹长18～26毫米，红褐色。

图4.44 竹青虫

（2）生活习性。一年3～4代，以蛹或老熟幼虫越冬。3月底至4月中旬化蛹，各代幼虫为害期分别为5月上旬至6月下旬、6月下旬至8月中旬、8月上旬至10月中旬、10月上旬至次年1月下旬,世代重叠非常明显。成虫羽化后,将卵产于竹叶上,卵经4～10天于清晨孵化,1龄幼虫只取食卵壳,2龄幼虫取食竹叶,幼虫一生食竹叶58～98片,末龄(7龄)幼虫食叶量占一生食叶量的近90%。幼虫老熟后爬落地面,在1～2厘米薄的土中或吐丝缀几片叶、带点土,结茧化蛹。

2. 调查方法

(1)看地面上的竹叶碎片。在竹林内开展线路踏查,看地面上是否有新鲜竹叶碎片,若有,则猛击竹秆数次,然后清点地面上的竹青虫条数。

(2)砍竹后数清竹株上的竹青虫条数。注意砍竹的时候要先观察,看地面是否干净,布满杂灌的地面应先清理,竹株倒伏时要避免与其他竹株或乔灌木碰撞;砍竹最好用电锯,不用柴刀,刀砍竹株会使竹青虫吐丝落地。

(3)根据历年竹青虫发生规律确定防治虫口密度。如果平均每株有3龄以下幼虫20条以上,或者老熟幼虫5条以上,且竹缕舟蛾、竹箟舟蛾共占50%以上,那么竹青虫将大暴发,应开展防治。

3. 防治方法

(1)打针注药防治。山顶、山脊及稀疏竹林发生竹青虫时,放烟防治效果差,宜用打针注药防治。用手钻或钢钉等打眼工具在竹基部竹腔壁打孔,再用注射器抽取乙酰甲胺磷原液,从孔中注入竹腔,每株10毫升。打针防治法不适用于笋用毛竹林,笋用毛竹林可采用喷烟防治法。

(2)喷烟防治。注射法防治费工,用药量大,山窝及竹林密度在每亩180株以上的连片竹林宜用喷烟法防治。即乙酰甲胺磷与柴油按1:1配制后灌入喷烟机药液桶中(桶中先加200毫升甲氰菊酯),在无风晴天的傍晚或清晨,用喷烟机喷烟防治。如发生鳞翅目其他虫害,也可参照此法防治。

(五)竹小蜂(竹广肩小蜂为其代表)

竹小蜂又名竹瘿蜂,竹广肩小蜂为其代表,主要危害毛竹的枝丫竹节,造成竹节膨大,形成虫瘿,使毛竹提前落叶,影响生长和发笋。

1. 形态特征

雌蜂体长6.8～9毫米,全体黑色,被白色细绒毛。雄蜂体长5～7.5毫米,触角长度为雌蜂的两倍,腹部长度小于头、胸之和。卵呈长卵圆形,长0.6毫米,乳白色。幼虫体长6～8毫米,乳白色,头部扁圆形,胴部第1、3节略细长,光滑,无褶皱。蛹长6.3～8.5毫米,黄褐色。

2. 生活习性

一年1代,以蛹在受害处越冬,次年3～4月上旬羽化为成虫,4月下旬至5月中旬成虫从虫瘿中爬出,初期多为雄蜂,后期多为雌蜂,5月将卵产于嫩叶梢。由于大年毛竹不长新叶或极少长新叶,当年生新竹长叶迟于成虫产卵期,故只有当年长新叶的小年竹受害。幼虫孵化后匿居在竹梢的节间,成虫多在阳坡稀疏竹林或林缘竹林为害。

3. 防治方法

注射药物至竹腔的防治方法不适合笋用毛竹林,故笋用毛竹林的防治一般采用如下方法:

(1)2月前,将受害竹砍除,集中烧毁。

(2)5月下旬用"敌百虫"或"741"熏杀,每亩1千克,或者喷烟防治。

(3)尽可能采用大小年经营,在大年时使害虫缺少食物,减少虫口密度。

(六)竹笋夜蛾

竹笋夜蛾又名蛀笋虫,危害竹笋,以竹笋禾夜蛾为代表。蛀笋虫造成笋不能成竹或影响竹的利用价值。

1. 形态特征

成虫体长14～25毫米,棕褐色翅基及前缘近顶角处各有一倒三角形深褐色斑。卵灰白色,长0.8毫米,近圆形。幼虫体长26～45毫米,头橙红色,体紫褐色。蛹体长14～24毫米,红褐色,臀棘4根。

2. 生活习性

一年1代,以卵在禾本科植物枯叶中越冬,2月下旬幼虫孵化,先在杂草中取食,到4月初毛竹笋出土时,幼虫蛀入笋尖并进入笋中为害,在蛀口处有绿色碎屑堆积。在笋中为害18～25天后,老熟幼虫出笋、入土、结茧、化蛹,蛹期20～30天,于6月上旬羽化成虫,卵产在禾本科杂草边缘,呈条状。秋冬杂草叶片卷曲,卵被包裹在叶内越冬。

3. 防治方法

(1)清除杂草、挖除退笋。

(2)出笋前后,用90％敌百虫晶体、80％敌敌畏或40％氧化乐果1000倍液喷雾,每隔7～10天喷1次,共2～3次。

(3)秋季清除杂草、枯叶,加强林地垦覆,可以消灭越冬卵。

(4)在确定留竹的竹笋(出土10厘米)周围30厘米距离内,用敌百虫粉剂喷施,以提高成竹率,保证留竹质量。

(5)6月前后用黑光灯诱杀成虫。

(七)刚竹毒蛾

刚竹毒蛾在福建省经常发生,浙江、贵州、安徽等省时有发生。虫害严重时,能吃光整片毛竹林的竹叶。受害后的毛竹林,次年竹笋萌发数量大幅减少,严重时甚至不长竹笋。连续数年受害时,会导致毛竹竹株枯死。刚竹毒蛾危害毛竹竹叶,竹叶被啃食后,竹株内的水分无法蒸腾,导致毛竹竹节变黑,节内大量积水,竹材几乎失去利用价值,只能作为燃料使用。

1. 形态特征

成虫能飞翔,雄性成虫体长10～13毫米,翅展26～30毫米,略小于雌性成虫;雌性成虫体长12～13毫米,翅展32～35毫米,身体主体部分呈浅黄色,复眼呈黑色,触角和足皆为黄白色。翅后缘中央有一个橙红色斑,后翅色浅。卵高0.7～0.9毫米。幼虫身体主体最初呈淡黄色,头部呈紫黑色。待幼虫老熟时身体主体逐渐变化为灰黑色,体表的毛为黄色,体长20～28毫米。蛹体黄色或红棕色,蛹体长11～17毫米,各体节被白色绒毛。茧长椭圆形,丝质薄,土黄色,茧上附有毒毛。

2. 生活习性

一年发生3代,以卵或1~2龄幼虫在叶背越冬。刚竹毒蛾绝大多数结茧于竹叶背面,少数在竹枝和竹秆上。各代幼虫取食期分别为3月中旬到5月中旬、6月上旬到8月上旬、8月中旬到10月上旬。

刚竹毒蛾首先发生于阴坡、下坡及山洼处,大暴发后逐渐蔓延扩展至阳坡和山脊,因此应将阴坡的发生区作为监测重点。在海拔200~800米地区的毛竹林均可发生,且在高海拔地区发生较为严重,但低海拔地区的刚竹毒蛾较高海拔地区的发育早。大年毛竹林发生多,小年毛竹林发生少或不发生。

3. 防治方法

(1)6~8龄食叶量很大,应结合预测预报,治早治小,把虫口密度降低到不发生危害的水平。调查天敌后再制定施药方案,刚竹毒蛾天敌较多,要充分利用天敌,发挥生态系统的自我调节能力,寄生率在30%以上时,应避免使用农药。可局地施药,哪里发生了虫害就在哪里用药,其他未发生虫害的地段不施药,减少药物的使用量。

(2)使用苏云金杆菌或白僵菌等生物制剂,一般使用粉剂防治,能反复感染虫体,效果最好,每亩用药1千克,可杀灭60%~70%的虫口。

(3)80%敌敌畏100倍液、20%杀灭菊酯100倍液或2.5%溴氰菊酯500倍液喷雾,在夏天中午幼虫下竹时喷竹秆下部及竹头,施药杀虫效果很好。大面积发生时,可使用小型飞机或无人机,用前文提及的敌敌畏、杀灭菊酯、溴氰菊酯等进行超低空喷雾,也可用森得保(苏云金杆菌、阿维菌素、滑石粉的混合物)粉剂喷粉防治或小型飞机、无人机喷粉防治。

(4)在成虫羽化期的夜晚利用诱虫灯诱杀,降低下一个批次的虫口密度。

（八）竹织叶野螟

竹织叶野螟俗称竹卷叶虫,幼虫取食竹叶。虫害发生时,影响竹株正常生长发育,影响下一年度的产笋量,当虫害严重时,可导致毛竹死亡。如果不采取防治措施,当竹卷叶虫暴发时,大量取食毛竹叶片,毛竹新叶一萌发就被吃光,那么毛竹便无法进行光合作用,到冬季时,会有大量受害新竹死亡。

1. 形态特征

雌成虫体长10～13毫米,翅展25～30毫米,雄成虫体长9～11毫米,翅展24～30毫米。成虫能飞翔,身体呈黄色或黄褐色。幼虫体色变化大,以暗青色为主,老熟幼虫体长16～25毫米。卵的直径约0.9毫米。蛹橙黄色,体长12～14毫米。茧椭圆形,灰褐色,由细土黏结而成。

2. 生活习性

一年繁殖1～4代,一般世代重叠,以第1代幼虫危害最大。老熟幼虫在土中结茧越冬,次年4月底化蛹,5月中旬出现成虫,6月上旬为羽化盛期。成虫趋光性强,在晚上羽化,羽化后的当晚到附近觅食花蜜,喜食栎树或板栗、化香的花蜜。5～7天后雌雄交尾,雌虫再次迁飞至当年新竹梢头的叶背产卵。6月上旬卵孵化,幼虫吐丝卷当年新竹,结虫苞,取食竹叶,每苞有虫2～25头。2龄幼虫转苞为害,每苞有虫1～3头。3龄后幼虫换苞较勤,老熟幼虫天天换苞,每次换苞时,幼虫都会向竹中下部或邻竹转移一次。虫害严重时,竹叶上可发现大量虫苞,全林竹叶被吃光。7月上中旬老熟幼虫吐丝,沿丝落地,随后入土、结茧、越冬,来年春天再次化蛹,开始新的生命周期。

3. 防治方法

（1）垦复松土,击破虫茧,使老熟幼虫因失水、受冻而死亡。

（2）利用成虫趋光性,可在竹林边缘设黑光灯诱杀,5月和9月开展为宜。

（3）根据成虫羽化后要吸取蜜源植物的花蜜来补充营养的习性,在虫害发生地附近的栎林地用80％敌敌畏乳油1000倍液喷雾,毒杀成虫,效果良好。

(4) 药剂防治。6月和10月在虫害严重的毛竹林,用40%的水胺硫磷乳剂50倍液喷杀幼虫,或者从竹秆近基部注入50%久效磷乳油或40%氧化乐果乳油,每竹1～2毫升,幼虫死亡率平均在90%以上。若为采笋的毛竹林,则不宜用注药法防治。

(九) 竹卵圆蝽

竹卵圆蝽民间俗称臭屁虫。若虫和成虫喜吸食竹枝梢、竹秆上的汁液,尤其喜欢在竹秆和竹枝的节上聚集取食,造成竹枝、秆茎干枯,影响毛竹的生长和来年的出笋,特别严重时会导致毛竹死亡。

1. 形态特征

成虫近圆形,体长13.5～15.5毫米、宽7～8毫米,触角5节。卵桶形,直径1.2毫米,淡黄白色,孵化前卵盖出现红点。若虫共5龄,5龄若虫体长10～13毫米,青褐色,身体两侧为深黑色。

2. 生活习性

一年1代,以4龄若虫在地面落叶下越冬,有时也有少量3龄若虫越冬。次年4月上旬越冬后的若虫开始活动并上竹取食汁液。5月底至6月上旬,若虫羽化为成虫,成虫于6月下旬开始产卵于1～2龄竹背面,偶产卵于竹秆或1～2龄竹正面,每块卵14粒,分两行排列。产卵盛期在7月中旬。7月上旬出现第一批若虫,其于10月底至11月上旬落地越冬。受竹卵圆蝽危害的小竹枝会一节节地枯死,随后若虫向大枝和竹秆上的节处转移并汲取汁液。若虫少动,一般只在取食时才活动。成虫群集于竹秆节的周围取食。

3. 防治方法

(1) 4月上旬将黄油和机油按1∶3的比例混合后绕竹秆基部涂一圈,形成宽10厘米的阻隔区,阻止若虫上竹。此法操作简单,取材方便,经使用证明效果很好。

(2) 用80%绿色威雷200倍液或50%乙基稻丰散1000倍液,在竹秆高50厘米处喷一圈。喷药最好在3月底至4月初若虫上竹前进行,药效可达95%～100%。

（3）若虫害严重,虫口密度大,则可以进行人工捕杀,以降低单位面积虫口数量。

（4）3月底若虫越冬后,在虫害区喷施白僵菌,每亩用药500克。

二、森林火灾防控

郁闭度0.7以上的竹林,因林内光照少,下层植被很少,只有部分耐阴性强的常绿杂草,故一般不会助燃而形成火灾。但郁闭度较低的竹林在头年实施改造时,砍杂产生的大量灌木杂材若不及时清理出山,则干枯后极易被火种引燃,从而造成山林火灾。防控的办法就是在砍杂林地周边禁止野外用火,防止森林火灾发生。

三、雨雪冰冻风灾防控

支撑毛竹秆茎的竹鞭为横向生长,支持能力不强,毛竹先天较乔灌木更容易倾倒,若遇大风或雨雪冰冻灾害时,毛竹容易向一侧倾倒,同时造成其他伤害。降雨时竹叶沾满雨水,自体加重,加上雨水冲刷带走泥土,可造成少量毛竹倒伏。刮大风也可能造成毛竹倒伏和折断。冰冻和雪灾可造成毛竹自体重量大幅增加,从而造成毛竹折断、爆裂、倒伏。

预防雨雪冰冻和大风造成的危害,首先要保证毛竹林内有一定数量的高大阔叶乔木,它们可起到支撑作用;其次可以开展人工控梢,改变毛竹顶梢向一侧倾斜的特性;最后要控制深翻垦复的强度和广度,坡度较大地段和风口处要降低垦复深度或者不垦复。人工控梢措施主要有两种。

（一）人工钩梢

人工钩梢就是将当年新竹用特制的刀具钩去顶梢,钩梢时间以10～11月为宜。钩梢时,将钩梢刀绑在9～12米长的竹竿上,人站在坡的上方,把刀口搁在要钩掉的竹梢处,慢慢用力,使顶梢弯曲,再突然松开,顶梢回弹,此时猛地前拉,顶梢则瞬间断开。钩梢时要避免撕裂竹竿,且留下的竹枝不应少于15盘。

　　人工钩梢在浙江地区曾经运用较多,钩掉的顶梢可以加工成扫帚,既能消除雨雪冰冻灾害的威胁,又能实现顶梢的综合利用,提高经济效益。人工钩梢除了在浙江大面积推广外,其他省区只有零星的毛竹林实施了人工钩梢。福建、广东等地的毛竹林由于降雪少,一般不实施人工钩梢。近年来,由于人工成本上升,加工扫帚无利可图,浙江的毛竹人工钩梢面积也大大减少。人工钩梢是一项重体力活,需要两名强壮的人员协作才可开展,随着农村地区青壮年人口的减少,人工钩梢越来越难以实施。

　　(二)人工摇梢

　　人工摇梢的对象是当年生幼竹,一般在每年的4月25日~5月5日进行。一般情况下,一片竹林适宜开展人工摇梢的时间为120小时,一株幼竹最适宜开展人工摇梢的时间不超过48小时。

　　1. 适合开展人工摇梢的幼竹特征

　　如图4.45所示,适合开展人工摇梢的幼竹特征包括:

图4.45　适合开展人工摇梢的幼竹特征

　　(1)最下盘枝(未长成)处笋壳裂开,竹枝即将长出。

　　(2)幼竹通体通直,最下盘枝(未长成)以下笋壳完全脱落,幼竹最顶端处开始稍弯头。

（3）幼竹最顶端开始萎缩，大大区别于上升期的笋尖，相比而言明显变小收缩。

2. 人工摇梢的方法

（1）摇梢方向。向着与顶端下垂的幼竹构成的平面相垂直的方向摇动竹秆。

（2）竹梢的摇断长度。一般摇断1.5～1.9米，保留13～15盘竹枝。断梢太短，毛竹抗倒伏能力不强；断梢太长，会影响毛竹的生长发育和发笋。

（3）摇梢的方法。双手紧握竹秆，用沉稳的力道小幅摇动幼竹，使顶梢做钟摆运动，慢慢地加快摇动速度，掌握好节奏，控制好顶梢的摆动幅度，使顶梢折断、脱落。

3. 毛竹人工摇梢的优势

相较于传统的人工钩梢而言，人工摇梢劳动强度小，危险性小，劳动效率高。人工钩梢需要一人操作，另一人清理竹梢；钩掉的顶梢尖端尖锐，顶梢掉落和清理顶梢时易伤人；竹秆顶端为尖口，采伐利用竹材时易造成伤害。人工摇梢简单易学，老年劳动者也可操作，不需要借助任何工具，只需要一名劳动者即可操作，劳动强度小，可持续作业，劳动效率高。摇断的幼嫩顶梢恰好从竹节处脱落，端口圆润（见图4.46），不会造成伤害，竹材采伐利用时不易伤人，摇断的顶梢不用清理，可作为有机肥加以利用。有研究发现，人工摇梢还可促进春笋增产。

图4.46 摇断的嫩梢

4. 毛竹人工摇梢的注意事项

虽然毛竹幼竹人工摇梢很安全，但仍然要注意，不要带儿童进山，以免在摇梢时，掉落的幼竹顶梢伤到儿童。

毛竹幼竹人工摇梢省工省力,但摇梢面积过大时,仍然要消耗大量的人工,所以在开展人工摇梢时,一定要了解每一个地段过去遭受雨雪冰冻灾害的情况,再根据海拔高度、坡度、坡位和坡向决定是否要实施人工摇梢。无需开展人工摇梢的地段就不要实施,以节省笋用毛竹林经营的人工成本。

第十一节　覆盖增温技术

小年的11月,当年的施肥、号竹、砍竹、浇灌等作业措施全部完成后,对坡度小于15°的林地,采用双层覆盖法(见图4.47)。

图4.47　双层覆盖

先在林地内平铺20厘米厚的稻草、竹叶、麦壳、麦秆、杂草,适当浇水(浇水量以用手挤压稻草时不出水,但手上有水印为准,以加快下层覆盖物发酵增温),增施5厘米厚的猪、牛、羊粪(辅助下层覆盖物发酵),然后在上层平铺20厘米厚的谷壳、木屑等(保温)。竹林边缘易受寒气侵袭,宜适当加厚,有条件时用农用地膜围住,增加保温效果,林地中央可稍薄。次年2月中下旬应及时撤除覆盖物,将能再次利用的谷壳等袋装储存,下年再用。

双层覆盖是通过覆盖的保温增湿作用,缩短竹笋滞育时间,延长竹笋生长时间,增加竹笋产量,从而促进竹笋提前出土、上市,增加经济效益的有效措施。但双层覆盖未撤除前出土的春笋,因笋幼嫩,养分较多,故一般不宜留养母竹。

第十二节　花年和大小年笋用毛竹林

自然生长的毛竹林,整体总会表现出一定的大小年特征,但这种现象并不是整齐划一的。当大年来临时,大部分毛竹表现出大年性状,如发笋量大、不换叶等,但仍有小部分毛竹表现出小年性状,如竹叶变黄换叶、发笋量很小等;当小年来临时,大部分毛竹表现出小年性状,但仍然有小部分毛竹表现出大年性状。人工经营的笋用毛竹林,一般都对留笋养竹等进行了控制,使竹林的大小年特征变得不明显或十分明显。竹林的大小年特征变得不明显的笋用毛竹林为花年笋用毛竹林;竹林的大小年特征变得十分明显的笋用毛竹林为大小年笋用毛竹林。

一、花年笋用毛竹林

花年笋用毛竹林的培育主要是通过增加施肥次数和每年留笋养竹来实现的。从理论上说,进入成熟稳定期的花年笋用毛竹林,在任意一年内,其大年母竹和小年母竹的数量都是基本一致的,如果没有出现大的灾害,经营管理正常,那么其每年的产笋数量不会有很大的差距。

(一)留笋养竹

花年笋用毛竹林的留养母竹的数量每年都是基本相同的,一般每亩留养母竹20株以上,其余笋挖除或疏除,年底对老竹和病残竹进行采伐,经过数年的留养母竹和新老更替,使竹林内各个年份的母竹数量基本相同。从理论上说,进入成熟稳定经营期的花年笋用毛竹林内的大年竹和小年竹的数量基本相同,对外表现出的性状是大小年特征不明显,每年的产笋量基本相同,每年都有一半左右的母竹换叶,一半左右的母竹不换叶。

（二）施肥次数

因为花年笋用毛竹林每年都要采挖较多数量的竹笋,所以花年笋用毛竹林每年的施肥次数应超过2次,即5月施行鞭肥,9月前后施孕笋肥,每亩每次施肥30～50千克。每三年可施1次有机肥,每亩施肥4000～5000千克,增加土壤肥力。当产量稳定后,每年2月底还可施1次氮素肥,俗称催笋肥。

二、大小年笋用毛竹林

大小年笋用毛竹林在小年(生理年度)不施肥,并在大年留养母竹,小年则不留养母竹。大小年笋用毛竹林大年时其母竹全部为大年竹,竹笋产量很高;小年时其母竹全部为小年竹,竹笋产量很低。其每年的产笋数量差异很大。

（一）留笋养竹

大小年笋用毛竹林在大年留养母竹,一般大年每亩留养母竹30株以上,其余笋全部挖除或疏除,年底对老竹和病残竹进行采伐;小年不留养母竹,竹笋全部挖除,年底不采伐母竹。经过数年的留养母竹和新老更替,使竹林内所有母竹的大小年性状基本相同。从理论上说,进入成熟稳定经营期后,大年时母竹全部为大年竹,小年时母竹全部为小年竹;对外表现出的性状是大小年特征十分明显,大年的产笋量很高,母竹都不换叶,小年的产笋量很低,母竹全部换叶。

（二）施肥次数

按大小年模式经营的笋用毛竹林,其施肥次数与花年笋用毛竹林略有不同。大小年笋用毛竹林,一年发笋长竹大量挖笋,一年行鞭孕笋,挖笋量很少,所以小年时竹林的养分流失少,到大年时养分累积较为充分,需要从外部补充的量相对较少。笋用毛竹林进入成熟稳定经营期后,每逢自然年度的大年不施肥,让竹株自行蓄积养分;在自然年度的小年5月施1次行鞭肥,8～9月施1次孕笋肥,每亩施肥30～50千克。当竹林养分累积较为充分时,可以只施1次孕笋肥,也可在次年的2月底加施1次催笋肥。

三、大小年和花年竹林之间的调整

(一)大小年竹林调整为花年竹林

大小年竹林调整为花年竹林,主要是调整留养母竹的数量和频次,按照每年留养20株以上母竹的方式调整3~5年,并每年伐除一批老龄母竹,当大年母竹和小年母竹基本相当时,调整完成。在调整大小年母竹的同时,逐步增加施肥频次,使调整获得成功。

(二)花年竹林调整为大小年竹林

花年竹林调整为大小年竹林,在第一年留养30株以上母竹,冬季将来年为出笋小年的母竹中的老竹伐除;第二年将所有竹笋全部挖除,不留养母竹;第三年又按照第一年的方法操作。经过3~5年调整,当所有母竹的大小年性状基本一致时,调整完成。在调整大小年母竹的同时,按照大小年笋用毛竹林的施肥方法,逐步减少施肥频次,节省经营成本。

(三)大小年和花年竹林调整的条件

综合而言,花年笋用毛竹林的经营成本要高一些,但经营产出也要高一些,每年的竹笋产量都较为稳定。大小年笋用毛竹林的大年产笋量很大,却往往因人力缺乏而导致部分竹笋不能及时采收,所以目前选择花年笋用林经营模式的较多。

大小年经营也有好处。例如,小年全部挖除竹笋,会使部分以竹笋为食的竹林害虫食源减少,来年这类害虫的数量将大幅减少。又如,经营主体习惯于大小年经营,并积累了一定的经验;或者当地的大小年间相互协作形成了一定的组织形式,如甲乙两家农户,甲家竹林当年为大年,乙家竹林调整为小年,当甲家当年挖笋繁忙时,乙家竹林出笋少,可以抽空来甲家帮忙挖笋,来年则由甲家帮乙家挖笋,从而形成一种较为稳定的互助关系。福建的一些地方就有这种自发形成的组织形式。在毛竹林面积比较大、人力有限、大小年经营已经成为习惯的地方,小年笋可以全部挖除,一个不留,就按大小年毛竹林来展开经营,其总体效益也不低。

第五章 笋用毛竹林的一般经营方式

根据经营方式的不同,经营笋用毛竹林又分为集约经营笋用毛竹林和一般经营笋用毛竹林。笋用毛竹林的经营一般不采取粗放经营方式。在粗放经营方式下,竹笋的产量非常小,采挖成本很高,经营笋用毛竹林无利可图。因此,笋用毛竹林的经营主要分为集约经营和一般经营两种经营方式。所谓一般经营方式,是指经营者采取一些能使笋用毛竹林有较大幅度增产的较为经济的经营措施,尽量在减少经营成本的情况下获取较高的经济收入,尤其是竹笋收入。

第一节 笋用毛竹林的一般经营方式概要

一、采取一般经营方式的因素

（一）经济因素

笋用毛竹林的集约经营方式是一种高投入高产出的经营方式。经营者通过人力和物资的足额投入,采取能够充分挖掘笋用毛竹林生产潜力的经营技术措施,使笋用毛竹林的竹笋和竹材产出达到相当高的水平,尤其是竹笋的亩产出量更是动辄超过1吨,采挖的批次可以达到7批,甚至更多。但集约经营方式对经营管理的要求很高,投入也高,特别是前期投入很大且产出低。如果经营面积很大,那么这种高投入不是一般经营者所能承受的。因此,经营面积大的笋用毛竹林经营者,若经济实力有限,则一般不宜采取集约经营模式;若经营面积小,经营收入占家庭收入的比例很小,则经营者也不宜以经营笋用毛竹林为主业。集约经营方式要求经营者花费大量的时间和精力来经营管理竹林,即使面积很小,也要根据经营技术要求在一年之中多次采取各种不同的经营技术措施,虽然每次花费的时间不多,但对经营者经营其他主业依然是一个羁绊。若经营者的主业对时间要求比较严格,则一般不宜采取集约经营方式。

（二）习惯因素

如果一个地区没有集约经营笋用毛竹林的习惯,没有已经成型的集约经营笋用毛竹林成功案例,那么很难带动其他笋用毛竹林经营者采取集约经营方式,因为竹农在没有看到集约经营所产生的经济效益前,很难养成集约经营笋用毛竹林的习惯。

个人习惯也是一个很大的因素。有些人虽然知道集约经营方式能带来较大的经济效益,而且自身也具备一定的经济实力,但他们仍然习惯于使用与传统经营方式较为接近的一般经营方式,无需精打细算,无需刻苦钻研笋用林培育技术,只要掌握一些基本的经营培育知识,能够产生一定的经济效益即可。这样做虽然产量不会很高,但也可以达到相当可观的收入水平。一遇毛竹笋价格波动,这一经营方式投入少的价值就会立即得到体现。

二、一般经营方式的选地要求

（一）立地要求相对宽松

一般经营方式对笋用毛竹林的选地没有集约经营方式那么严格,集约经营方式投入多,对产量的要求较高,必须选择立地条件好的毛竹林地。一般经营方式对竹笋产量的要求稍微低一些,对立地条件的要求相对低一些,一般要求土层厚度在40厘米以上,位置在中下坡位,坡度不超过35°,尽量选择背风向阳的南坡,以山谷为佳。但一般经营方式对立地条件的要求也不能太低,否则产量过低,挖笋的成本过高,经营笋用毛竹林便无利可图了。根据笋用毛竹林经营的经验,进入成熟稳定经营期后,一般要求亩产春笋不低于500千克,才能获得一定的经济效益。

（二）毛竹林质量较高是首要条件

采用一般经营方式经营笋用毛竹林,为了节约成本、减少投入,有些快速促进增产的技术措施没能开展。如果选定的毛竹林质量差,那么毛竹林结构调整到位的时间会很长,期间为了保笋养竹,毛竹笋的产量在几年之内无法得到有效提高,会影响竹农经营培育笋用毛竹林的积极性。因此,在选择经营地块时,首先要考虑毛竹林的质量,毛竹林的年龄结构、立竹大小、整齐度、均匀度等均应大致符合笋用毛竹林的基本要求。

（三）交通便利是必要条件

交通较为便利是选地的必要条件。虽然一般经营方式对产量的要求没有集约经营方式高,但一般经营方式的产量较低,采挖成本相对较高,交通不便会导致采挖的效率大大降低。采挖竹笋时,交通不便会导致往返林地的时间过长,每个工日内消耗的无效时间增多;同时,将采挖的鲜笋运输到加工地点的时间也会大大增加,特别是人工搬运距离增加时,会增加运输时间和运输成本,甚至影响鲜笋的加工品质。

三、一般经营方式的主要经营技术措施

（一）割灌除草

灌木、草本植物及高大乔木与毛竹争肥争水,争夺生存空间,影响竹鞭生长,并影响竹林通气透光,为病虫害的繁殖提供了有利条件。因此,割灌除草是一般经营笋用毛竹林首先要开展的经营技术措施。高大的乔木要砍除一部分,因为乔木一般高于毛竹,数量过多时会严重影响毛竹的光合作用。与集约经营笋用毛竹林一样,一般经营笋用毛竹林也需每亩保留5~10株高大阔叶乔木,以改善竹林结构。培养竹阔混交林可减少雨雪冰冻对母竹的伤害,同时改善竹林生态环境,抑制病虫害发生。留养的阔叶乔木冠幅过大时,可进行修枝作业,减小阔叶乔木的冠幅。灌木也要砍除,与砍倒的高大乔木一同运至林外。乔、灌木的枝条最好在林间放几天,让树叶自然掉落,成为有机肥,增加竹林地力。根据高大乔木的选留情况决定小乔木的采伐强度,当毛竹林中有足够的高大阔叶树时,小乔木可以全部砍除(保护植物除外);当毛竹林中高大阔叶乔木的数量不足每亩5株时,要保留一些耐阴的小乔木,如朱砂根等。刚开始经营笋用林时,竹林中的草本植

物一般都有害,要全部割除。

割灌除草完成后,可根据经营需要开展一次锄草除根。初次经营培育的笋用林,割除杂草后,由于根系未清除,一般1~2个月就会长出新的杂草,即使再次除草,仍然难以伤到杂草的根系,只是削弱了杂草的生长势,次年还会产生危害,所以草本植物覆盖度较大的笋用毛竹林需开展一次锄草除根,铲除危害较大的杂草的根系。虽然难以做到斩草除根,但仍可以达到强力抑制其繁殖的目的。锄草除根宜在一年中最热的7~8月进行,锄草后将其平铺在竹林中,令其自然腐烂成为有机肥。锄草的同时,尽量挖除易于挖掘的较小的灌木树蔸和小乔木树蔸,并运出竹林,使其来年不再萌芽长树。锄草除根应坚持1~2年,每年一次,尽快消除杂灌的干扰。当竹笋产量提高时,由于挖笋会大量破坏杂草的根系,杂草的生长势会越来越弱,笋用林培育会尽快进入良性循环,此时可以停止锄草除根。

割灌除草一般每年一次,随着竹笋经营培育的不断深入,杂草会越来越少,当杂草不再大量长出,通过每年挖笋就可以控制杂草生长时,可以停止割灌除草。

(二)竹林结构调整

竹林结构调整的原则是保留足够的健壮幼龄竹和壮龄竹,使笋用毛竹林的结构趋于合理。要严格按照"四砍四留"原则进行选择性采伐,伐除老弱病残竹,并尽量使毛竹林保持合理的整齐度和均匀度,但也要避免出现林中"空窗"。一旦出现林中"空窗",就要暂时保留健康老龄毛竹,待来年尽量在其附近留养一株胸径在9厘米以上的新竹,留养新竹的胸径至少要达到8厘米,过小则宁愿不留,否则影响笋用毛竹林结构。留养新竹后,保留的老龄毛竹要及时伐除。

尽量保留胸径在9~11厘米的毛竹作为母竹,胸径低于6厘米的毛竹,即使出现林中"空窗",也一律不予保留。宁留过大毛竹,不留过小毛竹。头几年的竹笋产量不高,应先把笋用毛竹林结构调整到位,再来考虑竹笋的产量。

（三）竹林施肥

一般经营方式的笋用毛竹林追求的是用较少的投入，获得较为可观的经济收入，所以在施肥等需要资金投入的技术措施上尽量减少投入。经营的第一年，因为考虑到来年的春笋产量不会很高，所以不施肥。

花年笋用毛竹林到了第二年，如果实施割灌除草和林间锄草后效果很好，可以在8～9月施一次肥，每亩施毛竹专用肥30～50千克，一般采用蔸施法，每株施肥0.3～0.5千克，确定冬季要采伐的母竹可以不施肥，确定来年出笋少的小年母竹可以不施肥。

从第三年开始，花年竹林每年8～9月施一次肥。对于大小年笋用毛竹林而言，若下一年为出笋小年，出笋量小，则不施肥；若下一年出笋多，是出笋大年，则在8～9月施一次肥，每亩施毛竹专用肥40～60千克，一般采用蔸施法，每株施肥0.3～0.5千克。

大小年经营的笋用毛竹林，因小年出笋少，消耗的养分少，每两年有一次出笋高峰期，期间养分累积充分，所以总的施肥量可以减少。大小年经营笋用毛竹林虽然总的产量比花年经营的笋用毛竹林略低，但经营期间的投入较少，特别是资金投入较少，故不失为一种理想的经营模式。一般经营方式的笋用毛竹林宜采用大小年模式。

（四）挖笋和采伐

一般经营笋用毛竹林不采挖鞭笋。鞭笋产量较低，且采挖技术要求高，采挖时机的选择、采挖方式的选择等只有经验丰富的人员才能掌握。此外，除了城市以外，其他地区鞭笋售价不高，很难实现营利，所以一般经营笋用毛竹林不采挖鞭笋。

一般经营笋用毛竹林也不采挖冬笋。经营的最初几年，笋用毛竹林的冬笋产量很低，而且土壤不疏松，采挖冬笋需凭经验，一般的林农根本就找不到冬笋。经营一段时间后，冬笋的产量一般会有较大幅度提高，但冬笋的采挖仍然很困难，土壤不够疏松，寻找冬笋也有一定困难，采挖冬笋的成本也很高，所以一般经营笋用毛竹林也不采挖冬笋。

一般经营笋用毛竹林很少采挖早期春笋。早期春笋虽然售价较高,但一般经营方式的笋用毛竹林的早期春笋产量仍然不够理想,土壤疏松度不够,采挖成本较高,采挖早期春笋获利较少。当早期春笋出土后,可以在3月20日前挖一次,在采挖时保留健壮有晨露的早期春笋,将其他出土春笋挖除。当出土的早期春笋数量较少时,可以保留健壮有晨露的早期春笋,而将其他出土春笋挖死,消除顶端优势,使盛期春笋尽快萌发出土。

盛期笋出土后要及时采挖,能挖几批就挖几批,除了要保留的母竹笋外,其余达到采挖高度的应一律挖除,未达采挖高度、但长势变弱的也要挖除,避免其成为退笋。至于采挖批次,应根据每一个批次春笋的质量和产量来确定,当盛期笋的质量下降、产量下降、采挖基本无利可图时,可以停止采挖。然而,随着经营培育的深入,能够采挖的批次是逐步增加并趋于稳定的。

留养母竹笋的株数和留养方式,与集约经营笋用毛竹林的留养方式相同。

一般经营笋用毛竹林的经营者要积累大量的生产经营经验,以减少大量非必要的经营技术措施。例如,号竹虽然能够使经营培育更加科学,但需耗费一定的人工成本,一般经营笋用毛竹林的经营者若有基本准确地判断毛竹母竹年龄的本领,则号竹等经营技术措施便可以不实施。在生产实践中,一般经营笋用毛竹林大多不号竹,但经营者准确判断竹龄的能力各不相同,一部分经营者需要在实践中逐步提高。

疏笋是必不可少的经营技术措施,若放任多余的春笋发育成竹,则会大量消耗林地养分,造成不必要的浪费。一般在每年的5月20日前进行一次疏笋即可。

母竹的采伐,花年经营的,每年采伐一次;大小年经营的,每两年采伐一次。如果当年春天春笋出笋多,留养了大量母竹,那么当年冬季需采伐与留笋养竹数量大致相当的母竹,以保持笋用毛竹林立竹密度的基本稳定。

（五）竹林灌溉

一般经营笋用毛竹林一般采用自流式灌溉，既不使用抽水等方式进行灌溉，也不修建昂贵的贮水井，不敷设地下输水管网。笋用毛竹林有灌溉水源时，在每年的春笋出笋季，若遇持续干旱7天，则可引水灌溉；在每年笋芽分化膨大的8~9月，若遇持续干旱15天，则可引水灌溉。

灌溉可以采用两种方式，当海拔较高处有自然水源时，引水至林地，开挖沿山势缓慢下行的"之"字沟进行灌溉；若海拔较高处无自然水源，则需多开挖竹节沟为林地保水。

（六）人工控梢

笋用毛竹林的雨雪冰冻灾害难以避免。在毛竹分布区，只有福建、广东、广西等地的毛竹遭受雨雪冰冻灾害的概率较小，大部分毛竹分布区都会遭受雨雪冰冻灾害的侵扰。雨雪冰冻灾害应提前预防，要充分调查清楚容易遭受灾害的地段，在出笋成竹期采取局部地段人工摇梢的方法控制顶梢，降低雨雪冰冻灾害的伤害程度。人工钩梢劳动强度太大，一般不采用。

（七）病虫害防治

笋用毛竹林的病虫害主要是黄脊竹蝗、竹笋禾夜蛾、刚竹毒蛾等，应加强调查，熟练地掌握防治技术，在正确的防治时段采取正确的防治措施，力求用最低的防治成本去控制病虫害的发生。

第二节　一般经营方式与集约经营方式的不同

一般经营方式的笋用毛竹林，一般开展林地除杂、林地清理、竹林结构调整、竹林施肥、挖笋留竹、竹林采伐等经营活动，相较于集约经营方式，笋用毛竹林的一般经营方式主要有以下六个不同之处。

一、不开展深翻垦复

深翻垦复是集约经营笋用毛竹林必不可少的经营技术措施，

是夺取竹笋高产稳产的关键步骤。但深翻垦复需要耗费大量的人力,对于经营者而言是一个沉重的负担。在一般经营方式下,一般不进行深翻垦复,而是利用挖笋、施肥、挖竹节沟等方式来达到深翻土壤或部分深翻土壤的目的。

二、不大量施用有机肥

施用有机肥,可增加土壤缓释肥力的能力,改善土壤结构,对夺取竹笋高产稳产意义重大。但有机肥的施用量很大,同样需要耗费大量的人力。一般经营笋用毛竹林的竹笋产量相对较低,土壤养分消耗较少,经营者对竹笋产量的期望值也相对较低,所以一般不大量施用有机肥。

三、施行鞭肥的频次较低

一般经营笋用毛竹林的产笋量相对较低,母竹养分消耗少,能够维持新鞭的生长,所以一般不施行鞭肥。但8~9月的孕笋期十分关键,所以会在孕笋期施用孕笋肥。

四、不建高标准灌溉设施

高标准的喷灌、滴管设施(包括蓄水池、管网等)投资大,动辄数万元,这与一般经营笋用林的经营理念和产出量不相匹配,所以这类投资额大的灌溉设施一般不建。

五、不开展冬笋的商品采挖

冬笋虽然售价较高,不愁销路,但冬笋的采挖成本高。一般经营方式的笋用毛竹林没有进行深翻垦复,挖冬笋的劳动强度大,找寻冬笋的技术要求高,生产率较低,若开展冬笋的商品采挖,则产生的经济效益低下,甚至造成亏损,所以一般经营笋用毛竹林一般不开展冬笋的商品采挖。至于鞭笋,即使是集约经营方式的笋用毛竹林也很少采挖鞭笋,所以一般经营笋用毛竹林就更不会开展鞭笋的商品采挖了。

六、不大量雇工

一般经营笋用毛竹林产量相对较低,投入较少,经济效益相对较差。由于竹笋较稀疏,采挖成本相对较高,为减少支出,一般不大量雇工,而由经营者自行开展林间清除杂灌、锄草、施肥、伐竹、灌溉、挖笋、疏笋、摇梢等工作。挖笋繁忙季节可少量雇工挖笋。总的原则是,尽量减少资金支出,以自行投劳为主,以获取更多的经济收益。

附　录

附录一　关于加快推进竹产业创新发展的意见

林改发〔2021〕104号

各省、自治区、直辖市、新疆生产建设兵团有关部门：

我国是竹资源品种最丰富、竹产品生产历史最悠久、竹文化底蕴最深厚的国家。为深入贯彻落实习近平总书记关于因地制宜发展竹产业、让竹林成为美丽乡村风景线的重要指示精神，加快推进竹产业创新发展，现提出如下意见。

一、总体要求

（一）指导思想。以习近平新时代中国特色社会主义思想为指导，全面贯彻落实党的十九大和十九届二中、三中、四中、五中、六中全会精神，深入践行绿水青山就是金山银山理念，立足新发展阶段，贯彻新发展理念，构建新发展格局，聚焦服务生态文明建设、全面推进乡村振兴、碳达峰碳中和等国家重大战略，大力保护和培育优质竹林资源，构建完备的现代竹产业体系，构筑美丽乡村竹林风景线，促进国内国际双循环，更好满足人民日益增长的美好生活需要，为全面建设社会主义现代化国家作出新贡献。

（二）基本原则。

坚持生态优先，绿色发展。严守生态保护红线，坚决维护国家生态安全，正确处理保护与发展的关系，在保护中发展，以发展促保护。落实产业生态化与生态产业化要求，统筹推进竹资源培育和开发利用，实现产业发展和生态保护协调统一。

坚持创新驱动，科技引领。集聚创新资源，优化创新环境，完善创新体系，提升自主创新能力，抢占全球竹产业科技制高点，推广新技术、新产品、新业态，全面塑造发展新优势。

坚持综合利用，集约融合。全面深度开发竹资源多种功能，打造竹产业全产业链，推动产业链上中下游有机衔接、一二三产融合发展，促进资源集约、节约、高效、循环利用。

坚持规划先行,规范用地。根据第三次全国国土调查结果和有关规划,综合考虑土地利用结构、土地适宜性等因素,落实最严格的耕地保护制度,科学规范安排用地。

坚持市场主导,政府引导。充分发挥市场配置资源的决定性作用,更好发挥地方政府作用,加强宏观指导,强化政策扶持,营造良好发展环境,充分激发市场主体活力。

(三)发展目标。到2025年,全国竹产业总产值突破7000亿元,现代竹产业体系基本建成,竹产业规模、质量、效益显著提升,优质竹产品和服务供给能力明显改善,建成一批具有国际竞争力的创新型龙头企业、产业园区、产业集群,竹产业发展保持世界领先地位。

到2035年,全国竹产业总产值超过1万亿元,现代竹产业体系更加完善,美丽乡村竹林风景线基本建成,主要竹产品进入全球价值链高端,我国成为世界竹产业强国。

二、构建现代竹产业体系

(四)加强优良竹种保护培育。加大珍稀濒危、重要乡土竹种质资源收集保存力度,引进国外优良竹种质资源,支持有条件的竹种质资源库建设国家林木种质资源库。开展竹种质资源重要性状精准鉴定和重要功能基因挖掘。加强材用竹、笋用竹、纸浆用竹、纤维用竹等竹类良种定向选育和推广应用。推进规范化母竹繁育基地建设。加强竹种、竹苗质量监管。

(五)培育优质竹林资源。充分利用荒山荒地、江河两岸、道路两旁、农村居民房前屋后和不能实现水土保持的25度以上坡耕地等培育竹林资源。在江河两岸、道路两旁培育竹林资源的,还要符合《国务院办公厅关于坚决制止耕地"非农化"行为的通知》(国办发明电〔2020〕24号)的相关规定。推广竹木混交种植。加快低产低效竹林复壮改造,将退化竹林修复更新纳入森林质量精准提升工程。全面精准实施竹林分类经营,提升竹林林地产出率。

(六)做大做强特色主导产业。做优竹笋产业,大力发展竹笋绿色食品加工。加快发展竹材加工、竹家居、竹装饰、竹工艺品、竹炭等特色优势产业。重点推动竹纤维加工转型升级,扩大竹纤维纸制品、建材装饰品、纺织品、餐具和容器制品生产及市场推广。选育种植竹源饲料林,推动竹源饲料加工产业规模化发展。积极发展竹下种植、养殖等复合经营,各地可将符合条件的竹林复合经营基地优先纳入林下经济示范和林业科技推广示范项目。

（七）聚力发展新产品新业态。全面推进竹材建材化，推动竹纤维复合材料、竹纤维异型材料、定向重组竹集成材、竹缠绕复合材料、竹展平材等新型竹质材料研发生产，因地制宜扩大其在园林景观、市政设施、装饰装潢和交通基建等领域的应用。在国家公园、国有林区、国有林场等区域内符合规定的地方，在满足质量安全的条件下，逐步推广竹结构建筑和竹质建材。加快推动竹饮料、竹食品、竹纤维、生物活性产品、竹医药化工制品、竹生物质能源制品、竹木质素产品等新兴产业发展。构建竹业循环经济复合产业链，打造全竹利用体系，推进笋、竹加工废弃物利用技术产业化。研究推动竹碳汇产业发展，探索推进竹林碳汇机制创新、技术研发和市场建设。

（八）推进竹材仓储基地建设。鼓励有条件的地方及企业在竹产区就地就近建设竹材原料、半成品、成品仓储基地，强化竹材采伐、收储、加工、流通等环节衔接，有效打通产业链供应链。建立健全竹材质控体系和标准体系。

（九）加快机械装备提档升级。鼓励企业开展竹产业机械装备改造更新和创新研发，重点推进竹产品初加工和精深加工技术装备研发推广，提高竹产品生产连续化、自动化、智能化水平。加强新型高效节能竹材采伐机具、竹机装备专用传感器、高性能竹机运输装备等高端机械装备的研发推广。鼓励竹产业机械装备制造企业创新发展，引导大型企业由单机制造为主向成套装备集成为主转变、中小企业向"专精特新"方向发展。

三、提升自主创新能力

（十）集聚高端创新资源。坚持产业发展需求导向，强化竹产业科技创新资源开放共享。鼓励有条件的企业联合高校、科研机构组建竹产业创新基地、竹产业科技创新联盟。推进科技服务机构建设，提升专业化服务能力。对符合条件纳入国家和省部级重点实验室的，优先给予支持。加强竹产业专业人才培养和引进，采取技术入股等多种方式吸引高端领军人才，鼓励专业人才到竹产业重点地区挂职。

（十一）加强科技创新和成果转化。加强竹产业关键共性技术、前沿引领技术、现代工程技术、颠覆性技术联合攻关，突破一批产业化前景良好的关键核心技术。重点开展竹种质创新、竹产品深加工与高值化利用等研究。加快推动竹资源精准培育、新型竹质工程材料、竹建筑结构材料、竹浆造纸生态环保工艺、一次性可降解竹纤维餐具和容器注模加工、竹纤维多维编织、竹资源全组分化学高效利用等新技术新工艺研发。加强标准体系建设，推动科技研发、标准研制与产业发展一体化。完善科研成果转化机制，提高科研成果转化率。鼓励各类科技研发主体建设专业化众创空间和科技企业孵化器,建设科技成果中试工程化服务平台,探索建立风险分担机制。

(十二)发挥企业创新主体作用。引导竹产业高新技术企业发展壮大,积极培育科技型中小企业,打造创新型企业集群。引导企业在核心技术攻关、科技人才培养、科技成果转化等方面加大投入力度。鼓励科技人员到企业创新创业。

四、优化发展环境

(十三)促进集约经营和集群发展。支持主要竹产区培育家庭林场、合作经济组织等规模经营主体,支持组建专业化培育、经营、采伐技术服务队伍。支持造林合作社承担竹资源培育任务。引导竹农以承包经营竹林资产或货币出资入股的方式,组建股份制合作组织。加强规划引领,布局全国竹产业集群。在国家林业重点龙头企业、国家林业产业示范园区建设中,优先支持竹产业企业和园区。

(十四)促进竹产业与竹文化深度融合。充分发挥中国竹文化节等平台作用,传承和弘扬竹文化,以产业传文化、以文化促产业。大力发展以竹文化元素为主题的生态旅游和康养产业,打造一批富有竹文化底蕴的特色旅游目的地。鼓励各地结合实际培育生态科普、文化创意、工业设计、影视文化等竹文化展示利用空间,推动竹文化产品设计生产。传承发展竹刻、竹编、竹纸制作等非物质文化遗产。

(十五)改善生产经营基础设施。鼓励地方建设高标准竹林基地,加快推动主要竹产区生产作业道路、灌溉、用电、信息网络等基础设施建设维护和升级改造。支持有条件的地方在丘陵山区开展竹林基地宜机化改造,扩展大中型作业机械应用空间。合理布局建设竹林培育、经营、采伐、产品初加工、存储和运输等配套服务设施。在林地上修筑直接为竹林及竹产品生产经营服务的工程设施,符合《森林法》有关规定的,不需要办理建设用地审批手续。竹产业相关用地涉及农用地转为建设用地的,应依法办理农用地转用审批手续。

(十六)夯实国际合作平台。充分发挥国际竹藤组织(INBAR)、国际标准化组织竹藤技术委员会(ISO/TC296)等国际组织东道国优势,推动竹产业深度融入国际创新体系和全球产业链、供应链、价值链。以共建"一带一路"国家为重点,通过南南合作等多种渠道,输出优势产能和技术服务。深耕欧美日韩市场,积极开拓新市场。推动竹产品、竹技术、竹装备走出去。推进中非竹子中心建设运营、亚洲和拉美竹子中心联合共建,组建区域合作研究中心、联合研究机构、技术转移中心、技术创新联盟。培育大型跨国竹产品企业,鼓励符合条件的企业规范有序在境外组织竹产业展览、论坛、贸易投资促进活动。引导推动竹产品国际贸易规则制定。

五、强化政策保障

(十七)健全工作机制。各有关地方和部门要高度重视竹产业发展,建立健全协调推进机制,加强政策指导和支持,形成工作合力。各主要竹产区相关部门要将竹产业发展列入重要议事日程,编制专项实施方案,出台配套政策措施。林业和草原主管部门要会同相关部门,研究和协调解决竹产业发展中遇到的新情况新问题,加强督促检查,确保各项任务落实到位。

(十八)完善投入机制。各地落实乡村振兴等有关政策,按规定支持符合条件的竹产业新型经营主体、龙头企业和产业园区建设。鼓励各地创新建立多元化投入机制,完善财政支持政策,重点支持竹产业科技创新、基础设施建设、企业技术装备改造、新型经营主体培育、龙头企业和产业园区建设等领域。鼓励符合条件的社会资本规范有序设立竹产业发展基金。将符合条件的竹产业关键技术研发纳入国家科技计划。落实好企业研发费用加计扣除、高新技术企业所得税优惠、小微企业普惠性税收减免等政策。地方可将符合条件的竹林培育,按规定纳入造林补助、森林抚育补助等范围。

(十九)加大金融支持。完善金融服务机制,引导金融机构开发符合竹产业特色的金融产品。将符合条件的竹产业贷款纳入政府性融资担保服务范围。落实支持中小微企业、个体工商户和农户的金融服务优惠政策。鼓励地方建立竹产业投融资项目储备库,助推竹产品企业与金融机构对接。拓展直接融资渠道,支持符合条件的竹产品企业在境内外上市和发行债券。鼓励各类创业投资、私募基金投资竹产业。

(二十)优化管理服务。将竹产业作为集体林业改革发展的重点领域,完善各项管理服务措施。健全竹产业及产品、全竹利用及竹建材标准体系和质量管理体系,完善竹产品质量评价和追溯制度。加快推进标准化生产,大力推进产地标识管理、产地条形码制度和竹林认证标识应用。建立主要竹产品质量安全抽检机制,指导和监督竹企业落实产品质量及安全生产责任。优先支持优质竹产品进入森林生态标志产品名录。在不破坏生态、保护耕地和依法依规的前提下,保障重大竹产业项目、竹林生产经营配套设施建设等用地需要。盘活土地存量,鼓励利用收储农村"四荒"地及闲置建设用地发展竹产业。鼓励地方搭建林竹碳汇交易平台,开展碳汇交易试点。

(二十一)扩大宣传推广。运用各类媒体平台,加大竹产业和创新优质竹产品的宣传力度,引导消费观念转变,提高市场认可度。加强品牌建设,以"中国竹藤品牌集群"为平台,打造竹产业区域品牌和企业名牌。在国家林业重点展会中,重点推介特色竹产品和知名竹品牌,鼓励各地开展竹产品展销活动。对于符合政府绿色采购政策要求的竹质建材、竹家具、竹制品、竹纸浆等产品,加大政府采购力度。

国家林业和草原局
国家发展改革委
科技部
工业和信息化部
财政部
自然资源部
住房和城乡建设部
农业农村部
中国银保监会
中国证监会
2021 年 11 月 11 日

附录二 毛竹林丰产技术

（GB/T 20391—2006）

1 范围

本标准规定了毛竹材用、笋用和笋材两用丰产林的产量、结构、技术经济指标、培育措施、验收、建档和调查方法。

本标准适用于材用、笋用和笋材两用毛竹丰产林。

2 术语和定义

下列术语和定义适用于本标准。

2.1 毛竹林经营类型 managing types of *phyllostachys heterocycla* var. *pubescens stands*

2.1.1 材用毛竹林 culm-producing stand of *phyllostachys heterocycla* var. *pubescens*

以竹材为主产品的毛竹林。

2.1.2 笋用毛竹林 shoot-producing stand of *phyllostachys heterocycla* var. *pubescens*

以竹笋为主产品的毛竹林。

2.1.3 笋材两用毛竹林 culm and shoot-producing stand of p*hyllostachys heterocycla* var. *pubescens*

竹材与竹笋同时作为主产品的毛竹林。

2.2 分布中心区和分布边缘区 centeral region and marginal region of distribution

分布中心区是指毛竹自然分布范围内,分布集中,面积大,数量多,蓄积最高,生长发育良好的区域,约在北纬25°~30°,东经103°~121°的范围内。在此范围以外称分布边缘区。

2.3 毛竹林立地级 site class of *phyllostachys heterocycla* var. *pubescens stands*

立地条件按其对毛竹生长的适宜程度区分为若干等级,称毛竹林立地级。

本标准将其划分为五个等级。

2.3.1　Ⅰ立地级　site class Ⅰ

位于山谷台地,山麓缓坡,土壤疏松、湿润,腐殖质丰富,土层厚100 cm以上。

2.3.2　Ⅱ立地级　site class Ⅱ

位于低山坡中下部,高丘山地,土壤较疏松、湿润,腐殖质较丰富,土层厚80 cm～100 cm。

2.3.3　Ⅲ立地级　site class Ⅲ

位于低山山坡上部,低丘山地,土壤较疏松、潮,腐殖质中等,土层厚60 cm～100 cm。

2.3.4　Ⅳ立地级　site class Ⅳ

位于高丘坡地中上部,低丘缓坡下部,土壤较松、较干,腐殖质量少,土层厚40 cm～60 cm。

2.3.5　Ⅴ立地级　site class Ⅴ

位于低丘山脊、坡上部、顶部,土壤坚实、干燥、粘重,腐殖质贫乏,土层厚40 cm以下。

2.4　毛竹林结构　stand structure of *phyllostachys heterocycla* var. *pubescens*

与竹林生长量关系密切的林分结构因子的数量组合。

2.4.1　树种组成　tree species composition of stand

竹林建群种的数量组成。用各树种胸径横断面积和之比值的十分数表示(或各树种树冠投影面积和之比值的十分数表示)。如毛竹笋用林为纯林,用"10竹"表示。

2.4.2　立竹密度　standing culm density

单位面积上活立竹的株数,用"株/公顷"表示。

2.4.3　立竹大小　culm size

立竹个体的大小,用竹秆胸径表示。胸径指130 cm高处竹秆的直径,单位为"厘米"。竹林立竹大小则以单位面积上立竹平均胸径表示。

2.4.4　立竹年龄　age of standing culm

单株立竹存活时间,用"年(龄)"或"度"表示。新竹长成到第2年春完成换叶前为1度,换叶完成到第2次换叶前为2度,以后每2年换叶1次,增加1度。

2.4.5　年龄结构　age structure

毛竹林是由不同年龄立竹所构成的异龄林,其年龄组成用各龄立竹株数百分数表示。

2.4.6　大小年竹林　on-year and off-year bamboo stand

各年发笋成竹数差异大的竹林,发笋成竹数多的年份称为大年,而相邻年通常发笋成竹数明显少,称小年。

2.4.7　花年竹林　even-year bamboo stand

各年的发笋成竹数量变化不大的竹林。

2.5　竹鞭　bamboo rhizome

毛竹地下生长的茎,其节上具根和可分化成笋或鞭的芽。

2.6　竹笋　bamboo shoots

2.6.1　冬笋　winter shoot

冬季竹林内的竹笋.绝大多数未出土。

2.6.2　春笋　spring shoot

春季出土生长时的竹笋。

2.6.3　鞭笋　rhizome shoot

竹鞭幼嫩的梢部。

2.6.4　退笋　dying back shoot

不能成竹的竹笋。

2.7　轩柄　connecting part between culm and rhizome

　　　螺丝钉　screw point

竹轩与竹鞭的连接部位。

2.8　劈山　bush and grass cutting

　　　铣山

　　　樵园

用刀劈倒林内杂草灌木,摊在林地里。

2.9　垦复　losseniog soil

在盛夏(大年竹林)或冬季(小年竹林)深翻(30 cm以上)林地,挖尽树蔸、竹蔸,除去土中大石块和老竹鞭。坡度25°~35°宜采用带状垦复,大于35°的坡地不垦复。

2.10　施肥方法　fertilization method

2.10.1　穴施　fertilizing in cave

在距立竹基部30 cm处的坡上部开深10 cm~15 cm左右的半月形沟,施入肥料并随之覆土。

2.10.2　沟施(条状沟施)　fertilizing in groove

沿等高线水平开沟,深10 cm~15 cm,宽20 cm,沟距200 cm~300 cm,施入肥料并随之覆土。

2.10.3　桩施　fertilizing in stump

在竹子砍伐后1年~3年的伐桩中,用铁钎打破节隔,施入化肥,然后用泥土封好。

2.10.4　撒施　spreading

将肥料均匀撒入林地,再翻入土壤中,通常用于有机肥的施肥。

2.11　号竹　marking

用不易褪色物品在竹轩上标明其成竹年份等,以利于丰产林实现合理年龄结构和保证严格按年龄砍伐。通常是在每年的新竹长成后的秋冬进行。

2.12　钩梢　tip chopping

雪压危害严重地区,于秋分至小雪时节,截去竹轩梢部,但每秆留枝应不少于15盘。

2.13　竹林产量　output of bamboo stand

2.13.1　竹材产量　culm yield of bamboo stand

单位面积竹林年砍伐竹秆质量之和(俗称重量),用"吨/公顷"表示。

2.13.2　竹笋产量　shoot yield of bamboo stand

单位面积竹林年挖竹笋质量之和,用"吨/公顷"表示。

2.14　竹林蓄积量　standing culm storage of bamboo stand

单位面积竹林现存全部立竹竹秆质量或数量之和。用"吨/公顷"或"株/公顷"表示。

2.15　造林成活率　surviving percentage after planting

造林验收时存活的竹株数占造林初植竹株数的百分数。

2.16　发竹率　shooting percentage of mother bamboo

造林后萌发生长成新竹的竹株数占造林初植竹株数的百分数。

3　产量指标

3.1　丰产林面积不少于1 hm^2。

3.2　各经营类型毛竹丰产林每度(2年)产量指标见表1。

4　毛竹林丰产结构因子指标

毛竹林丰产结构因子指标见表2。

表1

单位：t/hm²

分布区	中心区						边缘区			
立地级	I		II		III		I		II	
经营类型	材	笋	材	笋	材	笋	材	笋	材	笋
材用毛竹林	25	—	20	—	18	—	20	—	18	—
笋材两用毛竹林	15	3	12	2.5	10	2	12	2.5	10	2
笋用毛竹林	—	15	—	12	—	10	—	12	—	10

注：中心区IV、V立地级和边缘区III、IV立地级不宜发展丰产林。

表2

分布区			中心区			边缘区	
立地级			I	II	III	I	II
材用竹林	立竹密度/(株/hm²)		>3500	>3700	>4200	>3700	>4200
	平均胸径/cm		>10	>9	>8	>9	>8
	年龄组成 /%	1度	30	30	30	30	30
		2度	30	30	30	30	30
		3度	30	30	30	30	30
		4度	10	10	10	10	10
笋材两用竹林	立竹密度/(株/hm²)		2500～3000	2500～3000	2500～3000	2500～3000	2500～3000
	平均胸径/cm		>9	>9	>8	>9	>8
	年龄组成 /%	1度	30	30	30	30	30
		2度	30	30	30	30	30
		3度	30	30	30	30	30
		4度	10	10	10	10	10
笋用竹林	立竹密度/(株/hm²)		2100～2700	2100～2700	—	2100～2700	—
	平均胸径/cm		>9	>8	—	>9	—
	年龄组成 /%	1度	34	34	—	34	—
		2度	33	33	—	33	—
		3度	33	33	—	33	—

注1：各类未钩梢竹林、立竹密度可减少10%左右。

注2：年龄组成比例只是个约数。

5　培育技术

5.1　材用毛竹林

5.1.1　Ⅰ立地级丰产林

5.1.1.1　改善竹林结构

结构因子达到表2中指标。

5.1.1.2　劈山

在杂灌茂盛时(7月～8月)劈山一次;竹林立竹度大,林内杂灌草少,一般不劈山。

5.1.1.3　垦复

每隔6年～8年全垦一次,坡度小于25°的林地,花年竹林在当年盛夏进行,大小年竹林于发笋长竹当年盛夏至小年盛夏进行,深翻30 cm。坡度大于25°的林地,采用水平带状垦复或仅清除竹蔸、树蔸。

5.1.1.4　施肥

于孕笋年9月～10月或竹笋春季出土前1个月施肥,每公顷施肥量为含氮量100 kg～120 kg,含磷量20 kg～25 kg,含钾量40 kg～45 kg的有机肥、化肥或其他肥料。

5.1.2　Ⅱ、Ⅲ立地级丰产林

5.1.2.1　改善竹林结构

分别达到表2中的指标。

5.1.2.2　劈山

每年7月～8月劈山一次。

5.1.2.3　垦复

同5.1.1.3。

5.1.2.4　施肥

同5.1.1.4。

5.1.3　留笋养竹

竹林出笋早期和峰期进行,选留健康竹笋长竹,数量和大小按不同立地级竹林结构指标确定,并使新竹均匀分布。

5.2　笋用毛竹林

5.2.1　丰产林立地级

笋用毛竹林宜选择交通方便,中心区向阳背风的Ⅰ、Ⅱ立地级和边缘区Ⅰ立地级的毛竹林。

5.2.2 改善竹林结构

达到表2中的指标。

5.2.3 全垦深翻

每隔4年垦复一次,于发笋长竹当年7月~8月进行,或结合冬季挖笋时深翻,深度40 cm以上,并注意减轻对幼、壮龄鞭的伤害。土壤中无树蔸、竹蔸和石块。

5.2.4 增施有机肥料

每年每公顷开沟施入厩肥20 t~30 t,或菜饼1.5 t~2 t,专用有机肥适量,有条件的地方可割草埋青,每公顷15 t~30 t。在全垦深翻年份,结合竹林垦复先施入有机肥再行全面深翻。

5.2.5 追肥

每年秋季9月~10月或春季2月~3月施速效肥一次。每公顷用量,含含氮200 kg~250 kg,磷40 kg~50 kg,钾80 kg~100 kg。

5.2.6 留笋养竹

在竹林出笋盛期的后半期进行,余同5.1.3。

5.3 笋材两用毛竹林

5.3.1 Ⅰ立地级丰产林

5.3.1.1 改善竹林结构

达到表2中的指标。

5.3.1.2 劈山

同5.1.1.2。

5.3.1.3 垦复

每隔4年~6年垦复一次,余同5.1.1.3。

5.3.1.4 施肥

每年每公顷施复合肥,用量为含氮150 kg,磷40 kg~50 kg,钾80 kg~100 kg或施相当于以上营养元素的有机肥。在孕笋期或竹笋出土前1个月,用穴施或沟施。

5.3.2 Ⅱ、Ⅲ立地级丰产林

5.3.2.1 改善竹林结构

分别达到表2中的指标。

5.3.2.2 劈山

同5.1.1.2。

5.3.2.3 垦复

同5.1.1.3。

5.3.2.4　施肥

同5.3.1.4。

5.3.2.5　留笋养竹

在竹林出笋盛期进行,余同5.1.3。

6　竹林保护

6.1　病虫害防治

竹林病虫害的防治应贯彻预防为主、综合治理的方针。对竹蝗、竹毒蛾、竹螟、卵圆蝽及毛竹枯梢病等危害性大的病虫害要认真做好预测预报和及早防治。做好病虫害的检疫,防止蔓延扩散。主要病虫害防治方法,参见附录A。

6.2　钩梢

雪压、冰挂、风倒等危害严重的地区,因地制宜采取钩梢,以减少损失。

7　竹林砍伐和竹笋采收

7.1　竹林砍伐

7.1.1　砍伐量

砍伐量由式(1)确定。

$$n=M-m \quad \cdots\cdots\cdots\cdots\cdots\cdots\cdots\cdots\cdots\cdots (1)$$

式中:

n——砍伐量(通常应低于或等于当年新竹数),单位为株每公顷(株/hm²);

M——竹林砍伐前的立竹量,单位为株每公顷(株/hm²);

m——竹林结构要求达到的立竹度,单位为株每公顷(株/hm²)。

7.1.2　砍伐年龄

2度竹不宜采伐。根据竹林经营目的不同,砍伐5年生或5年生以上竹。

7.1.3　砍伐季节

一般在出笋长竹当年的白露至翌年立春前砍伐。除发笋长竹期(2月～5月)不伐竹外,其余季节也可伐竹。

7.1.4　砍伐方式

遵照砍老留幼、砍密留稀、砍小留大、砍弱留强的原则进行择伐。对那些不到砍伐年龄的严重病虫竹、雪压竹应及时砍伐。伐桩不超过10 cm,并随即将其劈破或打通节隔,以利腐烂。

7.2 竹笋采收

7.2.1 采笋数量

7.2.1.1 春笋采收

除按表2中1度竹数量和质量选留长竹笋以外,全部采收。

7.2.1.2 冬笋采收

笋用竹林和笋材两用竹林可适量采集。材用竹林冬笋一般不采收或在冬至前点状采收部分浅鞭冬笋。采收的冬笋个体质量在150 g以上。

7.2.1.3 鞭笋采收

笋用竹林和笋材两用竹林适量采收。梅雨季不要挖鞭笋,7月进入伏季开始采收,可采至10月。采收鞭笋时,要采收浅鞭笋、细鞭笋,竹林空隙处少挖,采收后要覆土盖平,如遇干旱季要暂停采收。材中发现浮于地表的竹鞭.要及时盖土埋鞭。鞭笋长度要短于25 cm。材用毛竹林不采收鞭笋。

7.2.2 采笋时间

冬笋在11月~翌年1月采收,春笋在3月中旬至4月下旬采收,鞭笋在7月~10月采收。开始时间南方早北方迟,阳坡早阴坡迟。

7.2.3 采笋方法

冬笋结合冬季全垦一次性采收,或在林地土壤松动或开裂处用锄开穴点状采笋。禁止沿鞭挖笋。春笋采笋应从竹蔸处切断。

竹笋采收时应注意不损伤竹鞭、鞭芽和鞭根,并覆土。

8 毛竹丰产林营造

8.1 造林

毛竹造林采用移母竹造林。应抓好造林地选择、林地整理.造林密度、造林季节、母竹(竹苗)规格及挖掘、运输和栽植等技术环节。

8.1.1 造林地选择

造林地应符合下列条件:

——气候 年平均温度15 ℃~21 ℃,一月平均温度4 ℃~10 ℃。年降水量1200 mm以上。

——土壤 土层深度60 cm以上,疏松、湿润、排水良好的壤土或砂质壤土。pH4.5~7。

——地形 中心分布区为海拔1000 m以下的山谷、山麓和山腰地带。北边缘区选海拔500 m以下,西边缘区选海拔600 m~1500 m的背风向阳的山谷、山麓地带,南边缘区选海拔500 m~1500 m的山谷、山麓背风地带。

——坡度 材用竹林、笋材两用竹林地坡度小于30°,笋用林林地坡度小于20°。

——坡向　笋用竹林为阳坡,笋材两用竹林为半阳坡和半阴坡,材用竹林阳坡、阴坡皆可。

8.1.2　林地整理

整地在造林前进行。

8.1.2.1　林地清理

砍去造林地上的灌木、低值乔木,并运出造林地。适量保留价值高、生长良好的乔木。

8.1.2.2　全面整地

全面开垦造林地。适用于坡度25°以下的造林地。

8.1.2.3　带状整地

采用水平带状开垦造林地,带宽和带距3 m～4 m,造林后1年～2年内将未垦带轮流垦完。适用于坡度20°以上的造林地。

8.1.2.4　块状整地

按造林密度定点块状开垦,块状的大小一般为2 m×2 m,造林后1年～2年内逐步拓展开垦范围至全垦状。适用于坡度较大地方的造林地或劳动力紧张的地区。

8.1.2.5　整地要求

开垦深度30 cm以上,清除土中树蔸、伐桩、树根等。

8.1.3　造林密度

每公顷450株～900株。

8.1.4　造林季节

一般在11月至翌年2月。北边缘区可适当迟些。

8.1.5　母竹规格

母竹应选择1年～2年生,胸径3 cm～6 cm,分枝较低,枝叶茂盛,竹节正常,无病虫害的健壮立竹,且其所连竹鞭健壮并具有5个以上健壮侧芽。

8.1.6　母竹的挖掘

挖掘母竹时,先仔细找到母竹鞭的走向,沿竹鞭两侧逐渐深挖。然后截断竹鞭,留来鞭长20 cm～30 cm,去鞭长30 cm～40 cm,掘起母竹。挖母竹时注意不要伤损侧芽、鞭根和竹根,也不要摇晃竹秆以免损伤"螺丝钉"。竹蔸带宿土10 kg以上。母竹留4盘～7盘枝叶,砍去梢部,切口如马耳状,平滑不裂。

8.1.7　检验检疫

调运至外地的母竹,运输前要进行检验检疫,患有检疫病虫害的母竹不得运出产地。

8.1.8 母竹的运输

母竹经检疫后要及时组织运输。运输时用稻草或其他材料包扎好竹苑并覆盖,防晒防风,洒水保湿。

8.1.9 栽植

在整地时应挖好种植穴,移母竹造林要求穴长100 cm～120 cm,宽60 cm～80 cm,深50 cm～60 cm;实生小母竹造林穴长50 cm～60 cm,宽50 cm,深40 cm。栽植时,先将表土垫于穴底,将解除包扎的竹子根盘置于穴中。根盘表面比穴面略低,然后填土,分层压实,使鞭根与土壤密接。填土压实时不损伤鞭芽。填土接近根盘表面时,浇一次透水,待水渗完后覆土。在竹株周围培成龟背形。在风大处,应安支撑架。栽植时母竹鞭根应保持原有的状态,不可为保持竹秆直立而改变或扭伤鞭根盘原有的状态。

8.1.10 成活率和发竹率

造林成活率要求达到85％以上。栽植后第3年发竹率达到80％以上。

8.2 幼林管护

8.2.1 保护

严禁放牧,及时防治病虫害(参见附录A)。

8.2.2 套种

新造竹林1年～2年内可套种农作物,以耕代抚,以短养长。套种作物以豆类、花生、绿肥等为宜,不种芝麻、荞麦等耗肥大的高秆作物及攀缘性作物。套种以抚育竹林为主,中耕不能损伤竹鞭和鞭芽。农作物收获后秸秆铺于地面或翻埋土中。

8.2.3 除草松土

若未套种农作物,则应除草松土。每年1次～2次,分别于6月～9月进行,直至竹林郁闭。杂草铺于地面或翻埋土中。

8.2.4 施肥

为加速成林需要施肥。在栽植2～3个月后于根盘两侧,于30 cm处开沟施入一次肥料,每公顷施厩肥20000 kg或土杂肥40000 kg或毛竹专用复合肥450 kg。在栽植的第2年起于每年的2月或9月施化肥,每公顷施肥量为含氮75 kg、含磷20 kg、含钾30 kg,株穴施或水平沟施。

8.2.5 灌溉

造林后根盘处宜盖草覆土保墒。若久旱不雨,土壤干燥时,应及时灌溉。若久雨不晴,林地积水时需及时排水。

9　毛竹丰产林验收和建档

9.1　丰产林验收

9.1.1　验收对象

现有林改建丰产林和新造丰产林。

9.1.2　验收时间

现有林改建为丰产林,在第4年~第5年时验收;新造丰产林在造林后第9年~第10年时验收。

9.1.3　验收内容

9.1.3.1　质量验收

包括丰产林结构因子指标(表2)、产量指标(表1)及第5、6、7、8等章技术措施。

9.1.3.2　面积验收

10 hm² 以下小面积丰产林用罗盘仪和皮尺实测丰产林面积。大面积丰产林可结合小比例尺地形图计量。

9.2　丰产林建档

9.2.1　技术档案内容

丰产林技术档案是丰产林验收和培育效果验证不可缺少的依据。内容包括规划设计、母竹来源、样地调查材料、竹材、竹笋、竹副产品产量、砍伐量、技术作业情况等。

9.2.2　技术档案要求

丰产林技术档案要及时记录有关内容。不得涂改原始记录资料。

10　毛竹丰产林调查和产量计算

评定毛竹丰产效果,需进行竹林调查和产量计算。

10.1　毛竹丰产林调查

10.1.1　调查样地设置

样地要充分代表竹林的立地条件、经营水平和竹林生长状况。样地调查面积不少于毛竹丰产林的3%,面积10 hm² 以上的丰产林,样地数不少于10块,每块样地面积不小于400 m²。

10.1.2　样地调查内容

10.1.2.1　竹林立地条件

地形中的海拔高、相对高、坡度、坡向等因子;土壤条件中的母岩、土种、土壤厚度、质地结构等因子。

10.1.2.2　竹林经营情况

松土、施肥、劈山、钩梢、砍伐、采笋等。

10.1.2.3　竹林结构状况

树种组成、立竹度、年龄组成、平均胸径等。

10.1.2.4　样地内每株调查

立竹编号、竹龄、胸径、枝下高等。立竹胸径用直径围尺直接测出，或通过量胸围长度进行换算。如用卡尺，必须量取两个垂直方向的检尺值的平均值为立竹胸径。精度要求：胸径±0.1 cm；枝下高±0.1 m。

10.2　毛竹林产量和蓄积量计算

10.2.1　单株竹秆质量计量

竹秆以全梢立竹鲜重计量，用千克每株表示。可用称量直接获得或利用精度较高的秆重与胸径、秆高的相关公式计算得出。

10.2.2　竹材产量

用样地中当年(度)新竹竹秆的质量和样地面积，计算出样地平均单位面积新竹竹秆质量，即竹林单位面积产量(也即生长量)，再乘以丰产林面积，即是竹林总产量。

10.2.3　竹林蓄积量

将样地中各龄立竹的竹秆质量相加，得到竹林蓄积量。

10.2.4　竹笋、竹枝、竹壳产量计算

10.2.4.1　竹笋产量

将样地内一年中所挖取的冬笋、春笋、鞭笋分别称重，以带壳鲜重计量，单位为千克每公顷(kg/hm^2)或吨每公顷(t/hm^2)。用各样地所代替的竹林面积加权计算出样地单位面积上的平均产量(t/hm^2)。将它乘毛竹林面积，即是毛竹林各类竹笋产量。

10.2.4.2　竹枝、竹壳产量

以气干重称重计量。

附录A　毛竹林主要病虫害防治方法(资料性附录)

A.1　主要病害

A.1.1　毛竹枯梢病

A.1.1.1　严禁从疫区调运母竹,避免人为扩散。

A.1.1.2　清除林内病竹、病枯枝。病区竹林内不留小年竹;在发病当年冬季,砍除林内发病严重的当年新竹,结合当年钩梢加工毛料,清除当年病竹上的病枝、梢,延缓林内病原积累速度,减轻下年度新竹发病程度,甚至可以根除病害。

A.1.1.3　在未经清除病原的病区,如预计当年具备严重侵染条件,即初夏多雨,夏秋干旱,应于5月下旬至6月中旬,采用50%多菌灵可湿性粉剂,或50%苯来特可湿性粉剂,或15%甲基托布津1000倍液,或1%波尔多液喷洒,每隔10天1次,连喷2次~3次,有防治效果。

A.1.2　毛竹(笋)秆基腐病

A.1.2.1　低洼积水竹林,应开沟排水,降低地下水位,以减轻病情。

A.1.2.2　清除林内病竹及残体,运出林外烧毁,以减少侵染源。

A.1.2.3　出笋前,即3月下旬,于竹林内撒生石灰每亩125 kg,并浅翻1遍,有防病效果;或出笋后,约4月中旬,用15%氟硅酸水剂100倍液,喷洒林地和笋,有保护及治疗作用;或笋高1.5 m左右时,对竹笋周围2 m范围内土壤和笋基外壳,用40%拌种双可湿粉剂200倍液喷雾杀菌,用药量每笋1 g。

A.1.2.4　发现病株后,剥除基部竹箨,加速木质化,并对病部喷施70%甲基托布津200倍液。

A.2　主要虫害

A.2.1　叶部害虫

A.2.1.1　竹蝗

A.2.1.1.1　挖卵。竹蝗对产卵地有选择性,产卵集中,可挖掘消灭。

A.2.1.1.2　在幼蝻未上大竹前,群集在小竹及禾本科杂草上,应及时喷洒2.5%敌百虫粉剂或2.5%溴氯菊酯超低容量喷雾,每公顷15 mL。

A.2.1.1.3　已上大竹的跳蝻,可用敌敌畏烟剂防治,每公顷7.5 kg~11.25 kg。

A.2.1.2　竹斑蛾

A.2.1.2.1　摘除卵块及小幼虫。

A.2.1.2.2　在小面积发生,用每克孢子100亿以上的青虫菌、苏云金杆菌200倍液喷雾;大面积发生时,不必防治,因天敌较多,下一代虫口就会下降;为避免造成损失,大发生初,在幼虫3龄前,可喷2.5％敌百虫粉或用敌敌畏插管烟剂熏杀。

A.2.1.3　竹织叶野螟

A.2.1.3.1　加强抚育,大年竹山秋冬挖山,可击毙幼虫或土茧,供蜘蛛、蚂蚁捕食。

A.2.1.3.2　成虫期灯光诱蛾。

A.2.1.3.3　卵期释放赤眼蜂,每公顷120万头。

A.2.1.3.4　幼虫初期,用40％氧化乐果、85％乙酰甲胺磷进行竹腔注射,每株1 mL～1.5 mL。

A.2.1.4　竹金黄镰翅野螟

A.2.1.4.1　灯光诱杀成虫。

A.2.1.4.2　幼虫期喷50％辛硫磷2000倍液或20％杀灭菊酯、20％氯氰菊酯10000倍液,每亩用药1.5 mL。

A.2.1.5　竹绒野螟

A.2.1.5.1　在林缘用黑光灯、清水粪或咸菜卤水加0.5％的90％晶体敌百虫诱杀成虫。

A.2.1.5.2　在5月底于小年竹林内释放松毛虫赤眼蜂,每公顷105万头。

A.2.1.5.3　在3月中下旬,于竹林喷撒2.5％敌百虫粉,每公顷45 kg,或90％晶体敌百虫、80％敌敌畏乳剂1000倍液。

A.2.1.6　竹篦舟蛾

A.2.1.6.1　灯光诱杀成虫。

A.2.1.6.2　卵期释放赤眼蜂,每公顷105万头。

A.2.1.6.3　喷洒2.5％敌百虫粉,每公顷45 kg～60 kg,或用80％敌敌畏乳油2000倍液、50％辛硫磷2500～3000倍液喷洒。

A.2.1.7　竹镂舟蛾

A.2.1.7.1　灯光诱杀成虫。

A.2.1.7.2　卵期释放赤眼蜂,每公顷105万头。

A.2.1.7.3　大发生时可放敌敌畏插管烟剂,唯有中毒幼虫落地后,又恢复后再次上竹取食。

A.2.1.7.4　击竹时幼虫会落地,可在地面喷药,用50％辛硫磷、80％敌敌畏乳油1500倍液。

A.2.1.8　华竹毒娥

A.2.1.8.1　注意山谷、山洼中竹林虫情,一经发现,及时消灭。

A.2.1.8.2　用80％敌敌畏乳油2000倍液,喷竹秆上的卵,或人工摘除竹秆中下部的卵块、虫茧。

A.2.1.8.3　幼虫期用2.5％敌百虫粉,每公顷45 kg,90％晶体敌百虫、80％敌敌畏乳油2000倍液喷杀,效果良好。

A.2.2　嫩枝幼干害虫

A.2.2.1　卵圆蝽

A.2.2.1.1　在4月上旬若虫上竹前,用黄油1份加机油3份调匀,于竹秆基部涂宽度不小于10 cm一圈油环,防止若虫上竹。若虫上竹受阻,聚集在油环下方时,可人工捕捉或竹秆基部喷杀虫剂。

A.2.2.1.2　若虫期50％乙基稻丰散1000倍液,效果很好。

A.2.2.1.3　被害严重竹,可竹腔注射40％氧化乐果,每竹1 mL～1.5 mL。

A.2.2.2　一字竹象甲

A.2.2.2.1　秋冬两季对竹林进行劈山松土,可以直接捣毁象甲土室、改变象虫越冬环境条件,致象虫大量死亡。每年或隔年进行一次,可逐年压低竹象甲的为害。

A.2.2.2.2　竹象甲有假死性,行动迟缓,捕捉容易。

A.2.2.2.3　可用80％敌敌畏乳油1000倍液喷杀成虫,效果良好。

A.2.2.3　竹笋夜娥

A.2.2.3.1　防治关键是清除虫源,阻止幼虫上笋危害,如秋冬季节通过垦复或使用除草剂清除竹林中杂草,在8月劈山、除草,可降低被害率50％;通过削山,可基本免除为害。化学除草可使用10％草甘磷每公顷7.5kg喷雾。

A.2.2.3.2　初期被害笋可食用,后期“高脚退”笋,易被虫害,及早挖除。

A.2.2.3.3　6月成虫羽化时可用黑光灯诱杀成虫。

A.2.2.4　竹广肩小蜂

A.2.2.4.1　加强竹林抚育和经营管理,保持较高的立竹密度,可控制虫口密度。

A.2.2.4.2　严重被害竹林,可于3月底4月上旬,用40％氧化乐果乳油竹腔注射,每竹注射1.5 mL～2 mL。只需防治当年换叶竹,大小年明显的竹林,在小年竹换叶年防治可减少用药、用工量,降低防治成本。

A.2.3 地下害虫——竹蝉

A.2.3.1 灯光诱杀成虫。

A.2.3.2 挂枯枝诱成虫产卵,于8月后将所挂枯枝及竹上枯枝一起采收烧毁。需多年挂枝,才有效果。

参考文献

[1] 吴旦人.竹业学基础[M].长沙:湖南科学技术出版社,1999.

[2] 林振清,郑郁善,李岱一,等.毛竹林丰产高效培育[M].福州:福建科学技术出版社,2010.

[3] 练佑明.黄脊竹蝗科学防控[M].长沙:湖南科学技术出版社,2010.

[4] 余学军.竹笋安全生产技术指南[M].北京:中国农业出版社,2012.

[5] 林振清.福建建瓯市雷竹发展现状与建议[J].世界竹藤通讯,2013,11(5):40-43.

[6] 林振清.海拔影响毛竹林土壤有机碳组成的研究[J].竹子学报,2016,35(2):26-29.

[7] 赵蛟,徐梦洁,庄舜尧,等.基于模糊综合评价法的建瓯市毛竹林地土壤肥力评价[J].土壤通报,2018,49(6):1428-1435.

[8] 罗治建,陈卫文,鲁剑巍,等.鄂南地区毛竹林的土壤肥力[J].东北林业大学学报,2003,31(3):19-23.

[9] 丁正亮.安徽大别山毛竹林土壤肥力特点及其与生产力的关系研究[D].合肥:安徽农业大学,2011.

[10] 陈防,罗治建,郭晓敏,等.鄂赣地区竹林土壤与植物营养特性及其信息化管理技术[J].世界竹藤通讯,2009,7(3):5-11.

[11] 蒋俊明,朱维双,刘国华,等.川南毛竹林土壤肥力研究[J].浙江林学院学报,2008,25(4):486-490.

[12] 薛振南,文凤芝,全桂生,等.毛竹丛枝病发生流行规律研究[J].广西农业生物科学,2005,24(2):130-135.

[13] 陈秀平.咸宁地区毛竹林不同垦复抚育措施对生长影响分析[J].中南林业调查规划,2011,30(4):64-66.

[14] 刘广路,范少辉,漆良华,等.不同垦复时间毛竹林土壤性质变化特征研究[J].江西农业大学学报,2011,33(1):68-75.

[15] 郑瑞钰.毛竹林竹蔸施肥对竹蔸腐烂及出笋的影响[J].福建林业科技,2011,38(1):72-74.

[16] 王俊.浅谈顶端优势[J].安徽农学通报,2011,17(14):281-282.

[17] 李国庆,刘君慧,张顺平.毛竹北移技术效果的研究[J].竹子研究汇刊,
     1983,2(1):125-133.

[18] 蓝晓光.土壤温度对毛竹冬笋一春笋高生长的影响[J].浙江林学院学
     报,1990,7(1):22-28.

[19] 胡集瑞.施肥对毛竹笋产量和出笋规律的影响[J].福建林业科技,
     2000,27(1):34-35,52.

[20] 李应,陈双林,李迎春,等.气候因子对竹子生长的影响研究综述[J].
     竹子研究汇刊,2011,30(3):9-12,17.

[21] 李玉敏,冯鹏飞.基于第九次全国森林资源清查的中国竹资源分布[J].
     世界竹藤通讯,2019,17(6):45-48.

[22] 徐家琦,秦海清.毛竹北移和引种栽培制约因素研究[J].世界竹藤通
     讯,2003,1(2):27-31.

[23] 田新立,王福升.山东竹类资源现状及其经营利用[J].竹子研究汇刊,
     2006,25(4):50-53.

[24] 岳祥华,张玲,郭雯,等.河南省野生竹类种质资源分布调查[J].世界
     竹藤通讯,2019,17(4):43-46.

[25] 卢炯林.河南竹类资源及开发利用途径的商榷[J].西南林学院学报,
     1993,13(4):219-224.

[26] 荣生道,潘春霞,申蒙,等.毛竹北移引种观察及地上个体因子调查分
     析[J].河北林业科技,2005(4):152-154.

[27] 杨佳超,罗之法,刘志刚.淅川县竹产业发展现状、存在问题和对策[J].
     华东森林经理,2017,31(3):26-28.

[28] 河北省毛竹引种联合调查小组.毛竹在我省引种情况[J].河北农业科
     技,1972(8):29.

[29] 卞育芬,卢新秀.山东的毛竹引种[J].植物杂志,1981(6):23.

[30] 陕西省生物资源考察队.汉中、关中地区引种毛竹试验初步报告[J].陕
     西农业科学,1972(10):19-23.

[31] 徐济,张近勇.周至楼观台毛竹的引种[J].陕西林业科技,1973(9):
     28-31.

[32] 庄会良.南竹北移四十年 日照"竹洞天"最成功[N].半岛网-半岛都
     市报,2012-03-6.

[33] 郝洪喜.美丽中国:鲁山森林公园游记[EB/OL].(2013-04-15)
     [2022-01-03].http://news.yuanlin.com/detail/2013415/142827.htm.

[34] 河南省农林局林业处.毛竹北移的实践[J].林业科学,1976(1):39-46.

[35] 黄岛百亩竹笋破土而出 竹叶直供大熊猫[N].青岛早报,2014-04-22.

[36] 朱鹏飞.四川毛竹适生区的立地分类[J].四川林勘设计,1995(3):2-6.

[37] 操丙周,姚惠明.毛竹的生物学特性与培育技术[J].现代农业科技,2005(11):4-5.

[38] 童亮,李平衡,周国模,等.竹林鞭根系统研究综述[J].浙江农林大学学报,2019,36(1):183-192.

[39] 周本智,傅懋毅.竹林地下鞭根系统研究进展[J].林业科学研究,2004,17(4):533-540.

[40] 毛达民,陆媛媛,郑林水,等.鞭笋挖掘后毛竹竹鞭的生长规律[J].浙江农林大学学报,2011,28(5):833-836.

[41] 周文伟.垦复对毛竹林鞭系生长影响的研究[J].竹子研究汇刊,1995,14(3):30-35.

[42] 陈秀平.咸宁地区毛竹林不同垦复抚育措施对生长影响分析[J].中南林业调查规划,2011,30(4):64-66.

[43] 田晓凤.毛竹林垦复对春笋生长的影响研究[J].林业科技,2014,39(5):38-39.

[44] 林斌.竹林喷灌技术对毛竹林生长的影响分析[J].安徽农学通报,2018,24(6):92-93,108.

[45] 廖光庐,夏少平,朱兆洪,等.毛竹鞭年生长规律观察[J].江西林业科技,1980(4):19-25.

[46] 熊国辉,张朝晖,楼浙辉,等.毛竹林鞭竹系统:"竹树"研究[J].江西林业科技,2007(4):21-26.

[47] 裘福庚.毛竹林大小年及其控制[J].竹子研究汇刊,1984,3(2):62-69.

[48] 邹光辉.毛竹大小年与花年经营模式的利弊分析[J].宁夏农林科技,2013,54(10):113-115.

[49] 陈新安.毛竹林大小年生长规律探讨[J].中南林业调查规划,2010,29(1):21-23.

[50] 吴家森,胡睦荫,蔡庭付,等.毛竹生长与土壤环境[J].竹子研究汇刊,2006,25(2):3-6.

[51] 黄作舟.闽南不同类型土壤林地土壤分析[J].河北林业科技,2011(2):18-20.

[52] 孙晓,庄舜尧,杜仁意.建瓯市毛竹林土壤养分状况及丰缺分级[J].浙

江林业科技,2012,32(1):1-4.

[53] 周旭.毛竹主要病害综合治理研究[D].福州:福建农林大学,2006.

[54] 刘迪钦,胡建龙,胡江明.楠竹人工摇梢技术概述[J].林业与生态,2020(9):44.

[55] 辽宁省土产公司,辽宁省林业科学研究所.我省引种竹类及芦竹简介[J].辽宁林业科技,1975(6):15-21.